Gottfried Erich Rosenthal

Briefe an Sr. Hochgräflichen Gnaden dem Herrn Graf von Borcke

Über die wichtigsten Gegenstände der Meteorologie nebst Beilagen

Gottfried Erich Rosenthal

Briefe an Sr. Hochgräflichen Gnaden dem Herrn Graf von Borcke
Über die wichtigsten Gegenstände der Meteorologie nebst Beilagen

ISBN/EAN: 9783743685864

Hergestellt in Europa, USA, Kanada, Australien, Japan

Cover: Foto ©berggeist007 / pixelio.de

Weitere Bücher finden Sie auf **www.hansebooks.com**

Briefe

an Sr. Hochgräflichen Gnaden

Dem

HERRN

Graf von Borcke

über

die wichtigsten Gegenstände der Meteorologie

nebst

Beylagen

Erster Heft

von

Berg-Commissarius Rosenthal.

Leipzig und Nordhausen,
Im ... Verlage der Gelehrten u. d. bey dem Ver...
1784.

Inhalt.

I. Briefe.

Erster Brief.

Ueber die Frage des Herrn Abt von Felbigers an den seel. Bau = Rath Lambert, wie findet man aus der bekannten mittlern Höhe des Barometers eines Ortes, die mittlere Höhe für einen andern, an welchen nur einige Beobachtungen gemacht worden. Mittleres, größtes und kleinstes Gewichte der Atmosphäre, nebst gleichzeitiger Wärme zu St. Gotthardt, Peissenberg, Tegernsee, St. Andes, München, St. Zeno, Ingolstadt, Regensburg, Würzburg, Manheim, Padua, 1781. Herr Lambert suchte die Auflösung vermittelst einer krummen Linie. Einwürfe dagegen. Die Unterschiede im Gewichte der Atmosphäre lassen sich nicht in allen Fällen mit einander vergleichen. Zwischen Barometer=Höhen und Veränderungs=Skalen findet keine Vergleichung statt   Seite 3

Zweyter Brief.

Die Veränderungen im Gewichte der Atmosphäre sind gleichzeitig, und wahrscheinlich unter gleichen Graden der Breite auch gleich groß. Das Maaß für die Abänderung im Gewichte der Atmosphäre zu finden. Maaß der Abänderung für die größte und kleinste Schwere der Atmosphäre zu St. Gotthardt — — — Padua. Das Maaß der Abänderung größert sich mit wachsenden Graden der Breite   S. 9

Dritter Brief.

Dichte der Luft. Nach Mariotteus Lehrsatze. Nach Amontons Lehrsatze. Verbindung beyder Lehrsätze. Die Dichte der Luft für ein gegebenes Gewichte der Atmosphäre und Wärme zu finden. Mittlere Dichte der Luft 1781. zu St. Gotthardt — — — Padua. Die Größe der Veränderungs=Skale entspricht der Dichte der Luft. Vermittelst der mittlern Dichte der Luft die Veränderungs=Skale für einen Ort zu finden. Allgemeine Größe der Veränderungs=Skale von 45° bis 51° der Breite   S.

Viert=

Briefe

an Se. Hochgräflichen Gnaden

Dem

Herrn Graf von Börk

über

die wichtigsten Gegenstände

in der Meteorologie.

Erster Brief.

Nordhausen, den 8. Jan, 1784.

Hochgebohrner Graf,

Gnädiger Graf und Herr!

Ew. Hochgebohrnen haben mir ein ganz außerordentliches Vergnügen durch die gütige Ueberschickung des Briefwechsels des seel. Lamberts mit dem Herrn Abt v. Felbiger und Prof. Scheibeln gemacht, indem mir der Inhalt sehr interessant scheinet, und ich hoffe in demselbigen eine Menge mir noch unbekannter Wahrheiten anzutreffen.

Gleich die ersten Briefe gnädigster Herr Graf; und die darinnen enthaltene Frage des Herrn Abts von Felbigers

"Aus der bekannten mittleren Höhe des Barometers eines Ortes, die
"mittlere Höhe anderer Oerter zu finden, davon man nur einige Beob-
"bachtungen aber auch gleichzeitige Beobachtungen desjenigen Ortes
"hat, dessen mittlere Höhe hinlänglich bekannt ist".

X 2

105

zog so bald ich solche laß, meine ganze Aufmerksamkeit an sich, und da im Briefwechsel, den ich seit 2 Jahren, mit Ew. Hochgebohrnen zu führen die Gnade habe, und aus welchem mein System der Höhenmeßkunst mit meteorologischen Werkzeugen ein bloßer in Ordnung gebrachter Auszug ist, in welchem nirgend auf die Auflösung der von Selbigerischen Aufgabe Rücksicht genommen worden, so habe ich den Entschluß gefaßt, diesen Gegenstand zu betrachten und zu versuchen, ob es möglich, denselbigen aufzulösen.

Es würde ein wahrer Ueberfluß seyn, wenn ich mich mit Untersuchung derjenigen Einwendungen, die in denen Beylagen zum Selbigerischen Briefe an den seel. Lambert enthalten sind, beschäftigen wolte. — Lamberts zeiget ihre Unzulänglichkeit hinlänglich, und zu unsern jetzigen Zeiten, da man anfängt brauchbare Beobachtungen zu machen, entkräften sich solche von selbst.

Lambert suchte des Herrn Abt von Selbigers Aufgabe vermittelst derjenigen krummen Linie aufzulösen, welche sich bereits in seiner Abhandlung über die Barometer-Höhen und Veränderungen, in dem 3ten Bande der Abhandlungen der Chur-Bayrischen Akademie befindet, und der erste Gedanke der bey mir entstand, war: diesem grossen Manne, meinem ehemahligen Freunde, dem ich so vieles zu danken habe, zu folgen.

Da ich eben anjetzo einige Resultate dem Herrn Legations-Rath Lichtenberg für das Gothaische Magazin überschicket, welche ich aus denen Mannheimer Ephemeriden von 1781. gezogen habe, aber nicht wie der Herr Professor Bernoulli auf der 117 Seite obgedachten Briefwechsels zu sagen mir die Ehre anthut, daß ich als ein besoldeter Mann, diese Resultate herausgeben würde, sondern ich habe mich dieser Arbeit bloß zu meinem Vergnügen unterzogen, wie solches Ew. Hochgebohrnen mehr als zu bekannt, so will ich solche als ein Hülfsmittel gebrauchen und eine ähnliche Figur wie die Lambertische entwerfen. Damit aber Ew. Hochgebohrnen die Baß derselben übersehen können, so hielt ich für nöthig, einen kleinen Auszug aus derselbigen beyzulegen und in nachfolgende Tafel zu bringen.

Beo-

Beobachtungs Oerter	Mittlere Schw	Mittlere Wm.	Größtes Gewicht			Kleinstes Gewicht			Untersch. zwisch. G-K	Mittl. juger. hör. Wm.
			Tag	Ght.	Wm.	Tag	Ght.	Wm.		
S. Gotthardt	4185	934	13 Jul.	4247	961	15 Oct.	4081	928	166	944
Peissenberg	4811	954	25 Merz	4885	943	16 Nov.	4693	947	192	940
Tegernsee	4964	918	d. Z.	5046	930	d. Z.	4851	952	195	941
St. Andex	4979	963	d. Z.	5064	940	d. Z.	4852	955	212	947
München	5095	965	d. Z.	5177	945	d. Z.	4961	959	216	952
St. Zeno	5133	963	d. Z.	5218	946	28 Nov.	4992	933	226	939
Ingolstadt	5178	963	d. J.	5271	928	d. Z.	5042	933	229	930
Regensburg	5260	964	d. Z.	5278	939	d. Z.	5054	936	235	937
Würzburg	5289	960	d. Z.	5390	941	16 Nov.	5148	956	242	948
Manheim	5349	969	10 Jan.	5441	932	d. Z.	5202	959	239	940
Padua	5393	973	29 Jan.	5513	925	28 Febr.	5279	931	234	928

In Rücksicht der Schwere der Atmosphäre, habe ich mir bloß derjenigen Beobachtungen bedienet, die des Morgens 7 Uhr gemacht worden, hingegen der Wärme, habe ich alle 3 des Tages gemachte Beobachtungen gebrauchet. Erfurt ließ ich deshalb aus, weil hier schon der Herr Professor Planer die Resultate herausgegeben hat.

In beyliegender Figur habe ich die Barometer-Skale nach ihren wahren Maaße angenommen, als Abcissen die mittlern Gewichte der Atmospäre darauf getragen und den Unterschied zwischen dem größten und kleinsten Gewichte als Ordinaten verzeichnet, folglich bin ich des Herrn Lamberts Methode gefolget.

Es hat aber Herr Lambert hier mittlere Barometerstände von der Meeresfläche, Paris, Basel, Zürch, Chur, Feriere und S. Gotthardt als Abcissen verzeichnet. Der mittlere Barometerstand an der Meeresfläche soll

	28 Zoll	= 5376 Sept.
zu Paris	27 Zoll 8 L.	= 5312
zu Basel	27 Zoll ¼ L.	= 5192
zu Zürch	26 Zoll 6¼ L.	= 5096
zu Chur	26 Zoll	= 4992
la Feriere	24 Zoll 8½ L.	= 4744
S. Gotthardt	21 Zoll 7¼ L.	= 4152 seyn.

A 3

Wo

6

Wo Hr. Lambert, die für die Meeresfläche (*) und Paris hergenommen, ist mir nicht bekannt, die für Chur ist aus 5½ jährlichen Beobachtungen bestimmt, die von ihm selbst gemacht worden, die für Basel und la Feriere in Erguel nennt er gleichzeitig. Die Zürcher gründet sich auf die Scheuchzerischen Beobachtungen, die in denen Jahren von 1720 bis 1733. gemacht worden, und die Gothardtische ist eine Folge der Beobachtungen, welche die Capuciner auf Scheuchzers Ersuch 1728. machten.

Ich sehe mich hier genöthiget, gnädigster Herr Graf, der Wahrheit ein Opfer zu bringen — Ich sehe mich genöthiget, einiges gegen die Lambertische Figur zu erinnern — Die mittleren Barometer-Höhen sehe ich nicht für so richtig und zuverläßig an, daß man aus ihnen Folgerungen machen könnte, indem erstens nicht bekannt, wie warm das Queckſilber gewesen, und zweytens kan man gewiß voraus setzen, daß die Instrumente, mit welchen beobachtet worden, nicht mit einander überein gestimmet haben — daß die Scheuchzerischen die möglichst schlechtesten gewesen, ist bereits von andern hinlänglich erwiesen worden; mit welchen Instrumenten die Pariser und die für die Meeresfläche gehörige mittlere Höhe bestimmet worden, ist mir wie ich schon gesagt habe, unbekannt. Zu diesen gesellet sich noch, daß die Beobachtungen nicht gleichzeitig sind, und daß die Unterschiede, welche Herr Lambert als Ordinaten verzeichnet hat, Differenzen von Queckſilber-Säulen sind, die nicht gleich warm gewesen, folglich Abeissen und Ordinaten Höhen von Queckſilber-Säulen vorstellen, die nicht aus gleich warmen Queckſilber bestehen, bey denen nicht einerley Maaß statt finden kan, und die sich dieserhalb auch nicht einander vergleichen lassen. Hierdurch verlieret sich alle Brauchbarkeit der Lambertischen Figur, und ist deshalb zu derjenigen Absicht, wozu solche verzeichnet worden, gänzlich ungeschickt.

Nach dieser Erinnerung über die Lambertische Figur kehre ich zurück zu meiner eigenen. Verlängert man gnädigster Herr Graf, die gerade Linie, durch das Ende der Peissenberger und S. Gotthardtischen Veränderungs-Skale, so fällt Tegernsee beynahe in dieselbige. Die Veränderungs-Skale für S. Andex, Zeno, Ingolstadt, Regenspurg und Würzburg bestimmen wiederum das Streichen einer geraden Linie — Hierauf entstehet eine Anomalie, indem sich die Veränderungs-Skalen von Manheim und Padua kleinern.

Wollen wohl Ew. Hochgebohrnen die Gnade haben, und diese Ordinaten betrachten? Wollen überlegen was solche sind? — Wie wird die Größe der Veränderungs-Skale bestimmt? Wie wird die Größe des Er-

*) Vermuthlich sind dieses die Petersburger, derer Hr. L. öfters gedenket.

Cylinders Queckſilbers gefunden, welcher das Maaß der Abändrung im Ge=
wichte der Atmoſphäre vorſtellet, und wodurch erhält derſelbige ſeine Gröſ=
ſe? — der Unterſchied im Gewichte der Atmoſphäre — beobachtet zu ver=
ſchiedenen Zeiten — ein kleineres Gewichte der Atmoſphäre, abgezogen von
einem größern, giebt die Schwere der Luftſäule, mit welcher die Fläche des
Queckſilbers im Barometer zu der einen Zeit mehr als zu der andern be=
ſchweret wird. Iſt dieſes aber gnädigſter Herr Graf, nicht der Werth
für D, deſſen ich in meinem Syſteme der Höhenmeßkunſt im 49 §. gedenke.
Nun ändert ſich D oder die Schwere einer Luftſäule nach Verhältniß der
Schwere des Atmoſphäre und dem umgekehrten der Wärme ab. (Syſtem
§. 53.) Da nun verſchiedene Werthe für D ſich blos in dem Falle den ich
§. 58. des Syſtems gegeben habe, mit einander vergleichen laſſen, ſo wird
auch unter denen Veränderungs=Skalen nicht in allen Fällen eine Ver=
gleichung ſtatt finden.

Nun war gnädigſter Herr Graf, die gröſte Schwere der Atmoſphä=
re 1781. auf dem S. Gotthardt 4247 die gleichzeitige Wärme 961, die
kleinſte Schwere 4081 die zugehörige Wärme 928, der Unterſchied im Ge=
wichte der Atmoſphäre, oder die Größe der Verändrungs=Skale 166 Scpl.
Zu Manheim war das gröſte Gewichte 5441 die zugehörige Wärme 922,
das kleinſte Gewichte 5202, die Wärme zu dieſer Zeit 959 und 239 Scpl.
die Größe der Veränderungs=Skale, dieſemnach iſt die Verändrungs=Skale
auf dem S. Gotthardt, die Schwere einer Luftſäule, die ſich unter dem Drucke
$\frac{4247 \dagger 4081}{2}$ und unter der Wärme $\frac{961 \dagger 928}{2}$ befindet, und die Verän=
drungs=Skale zu Manheim iſt die Schwere einer Luftſäule die ſich unter dem
Drucke $\frac{5441 \dagger 5202}{2}$ und unter der Wärme $\frac{959 \dagger 922}{2}$ befindet, folglich
ſind beydes, Gewichte von Luftſäulen, die weder ſich unter einerley Drucke
noch einerley Wärme befinden. Will man nun beyde mit einander ver=
gleichen, will man unterſuchen, an welchem Orte ſich im 1781 Jahre die
gröſte Abändrung in der Atmoſphäre zugetragen habe, ſo muß man nicht
allein auf das Gewichte der Atmoſphäre, ſondern zugleich auf die Wärme
derſelben Rückſicht nehmen, dieſemnach findet unter dem Gewichte der At=
moſphäre und der Veränderungs=Skale, keine Vergleichung ſtatt, indem
gnädigſter Herr Graf, wenn man z. E. für Manheim anſtatt der beo=
bachteten Wärme 959 und 922 eine gröſere ſetzet, ſo würde auch die Ver=
änderungs=Skale nicht 239 Scpl. ſondern kleiner geweſen ſeyn, und umge=
kehrt wäre die Wärme kleiner geweſen, ſo würde auch die Veränderungs=
Ska=

Skale größer als 239 gewesen seyn, und dieserhalb würde in beyden Fällen das mittlere Gewicht nicht $\frac{5441 + 5203}{2}$ gewesen seyn, sondern im 1sten Falle kleiner und im 2ten größer seyn müssen. (*)

Verzeichnet man nun mittlere Barometer-Höhen, oder bestimmter mich auszudrücken, mittlere Gewichte der Atmosphäre als Abcissen, und setzt auf selbe die Veränderungs-Skalen als Ordinaten, so gedenket man, die Gewichte der Atmosphäre mit denen Veränderungs-Skalen zu vergleichen, da aber nicht bloß Gewichte der Atmosphäre die Größe der Veränderungs-Skale bestimmt, sondern die Wärme zugleich, so findet auch zwischen Gewichte und Veränderungs-Skale keine Vergleichung statt, und die Figur, welche man zu dieser Absicht auf obige Art verzeichnet, ist unbrauchbar. (**)

Ew. Hochgebohrnen werden also hieraus ersehen, daß da der Hr. Lambert nicht auf die Wärme bey Auflösung der Selbigerischen Aufgabe Rücksicht genommen hat, die von ihm gegebene Auflösung auch nicht die wahre seyn kan.

Ich bin 2c.

---

*) Es ist freylich $\frac{B + b}{2}$ nicht dem jährlichen mittleren Gewicht gleich, es kan aber hier als richtig angenommen werden.

**) Wegen dieser Unbrauchbarkeit der Figur, hielt ich auch für unnöthig, solche in Kupfer stechen zu lassen.

Zwey-

Zweyter Brief.

Nordhausen, den 14. Jan. 1784.

Ew. Hochgebohrnen werden aus vorigen ersehen haben, daß im 1781 Jahre die Veränderungs-Skale des S. Gotthards 166 und zu Manheim 239 Scpl. gewesen. es fragt sich also, an welchem Orte hat sich die größte Abändrung in der Atmosphäre zugetragen? Da längst erwiesen ist, daß die Barometer-Verändrungen gleichzeitig sind, daß heißt, es soll erwiesen seyn, daß wenn an irgend einem Orte die Schwere der Atmosphäre ihr größtes erreichet habe, solches auch an alle denen andern Orten geschehn sey, und wenn die Atmosphäre an irgend einem Orte ihr kleinstes erreichet habe, solches gleichfals an alle denen andern Orten geschehn sey; so lässet sich mit einiger Gewißheit hieraus folgern, daß die Abänderungen in der Atmosphäre auch gleich groß sind. Local-Umstände können freylich in beyden Fällen, nemlich in Rücksicht des gleichzeitigen größten und kleinsten Gewichtes, und in Rücksicht der Größe der Abänderung, kleine Anomalien machen, man wird aber doch durchaus die Gleichheit im Gange bemerken müssen, wenn sonst sich übereinstimmig hierinne befindet. So fällt selbst in der Tafel, die ich in vorigen beyzulegen die Ehre hatte, die größte und kleinste Schwere nicht durchgängig auf einerley Tag, da aber die Unterschiede nicht merklich sind, so kan man auch ohne einen merklichen Irrthum zu begehen, die dort angegebenen Größen der Veränderungs-Skalen, als Folgen gleichzeitiger Beobachtungen betrachten.

Wie bestimmt man aber die Abänderung in der Atmosphäre? Gnädigster Graf und Herr, wie findet man, ob an verschiedenen Oertern sich in der Atmosphäre gleiche oder ungleiche Veränderungen zugetragen, und welches ist der Maaßstab derselben? Dieses ist so viel mir bekannt, noch nicht untersuchet, noch nicht bestimmet worden, ist noch Mangel in der Meteorologie. Zu S. Gotthardt war die Größe der Veränderungs-Skale 166 Scpl. zu Manheim 239 Scrpl. wenn nun die Größe der Veränderungs-Skale, Maaß der Abänderung in der Atmosphäre wäre, so verhielte sich die Veränderung in der Atmosphäre zu S. Gotthardt, zu der zu Manheim wie 166 : 239 — ist dieses richtig? ich zweifle.

Wenn die Abänderung in der Atmosphäre an allen Orten zu einerley Zeitpunkte gleich groß seyn soll, so erhellet hieraus, daß das zuvor angeführt-

B

führte Verhältniß nicht richtig seyn kan, und daß diesemnach Abänderung im Gewichte nicht der Abänderung in der Atmosphäre entspricht, vielleicht aber ist solches ein Hülfsmittel den wahren Maaßstab zu entdecken.

Wenn zu einer gewissen Zeit an einem Orte z. E. zu S. Gotthardt die Atmosphäre ihre größte Schwere erreichet hat, zu einer andern Zeit ihre kleinste, so ist der Unterschied von beyden die Größe der Veränderungs-Skale, das heißt, die Schwere derjenigen Luftsäule, mit welchem im 1ten Falle die Fläche des Queckfilbers im Barometer mehr als im 2ten Falle gedrücket war — Wenn nun die Abänderungen an allen Orten gleich groß seyn sollen, daß heißt, wenn der Zustand der Luft zur Zeit der größten Schwere sich zu dem Zustand der Luft zur Zeit der kleinsten, an allen Orten gegen einander einerley Verhältniß behalten soll, so muß auch die Höhe der Luftsäule, welche der Veränderungs-Skale entspricht, an allen Orten gleich seyn. Es wird aber die Höhe der Luftsäule nicht bloß durch ihre Schwere bestimmt, sondern zugleich durch den Druck und Wärme derselben, verbindet man nun diese 3 Stücke mit einander nach denen Gründen der Barometrischen Höhenmeßkunst, so erhält man zum Resultate die Höhe der Luftsäule, welche der Veränderungs-Skale entspricht.

Nun war zu S. Gotthardt 1781. (*)

Größtes Gewicht der Atmosphäre 4247 $=$ T 1946,8. δ. 961
Kleinstes 4081 $=$ T 1723,5. δ. 928

Mariottische Höhe 223,5. mittl. 944
$\times$ 944.

Mariott-Amontonsche Höhe 210,818 m.

setzet man nun m $=$ 4,7 Fuß, so wäre die Erhöhung der Luftsäule, welche dem Unterschiede des größten und kleinsten Gewichtes zugehöret $=$ 210,818 $\times$ 4,7 $=$ 990,76 Pariser Fuß.

Es wäre diesemnach gnädigster Graf und Herr, Maaß der Abänderung in der Atmosphäre Höhe der Luftsäule, welche der Veränderungs-Skale entspricht, um nun zu sehen, ob die Abänderungen gleich groß gewesen,

---

*) Man sehe über diese Berechnungs-Art den 2ten Band der Beyträge Seite 87.

fen, so habe ich, auf gleiche Art die Berechnung gemacht, und das Resultat in nachfolgende Tafel gebracht; Da aber bey diesem Geschäfte nicht mehr der Einfluß der Erhöhung des Beobachtungs-Ortes über der Fläche des Meeres statt findet, so habe ich eine andere Folge angenommen, und solche nach denen Graden der Breite geordnet,

Breite	Beo-bachtungs-Ort	Mariot-tische Höhe	Mariot-Amont. Höhe	Höhe in Fuß	Mittl. Höhe in Fuß
45°	Padua	242,9	225,4	1059,4	1059
46°	S.Gothardt	223,3	210,8	991,2	991
47°	Peissenberg	224,6	211,0	991,7	
	Tegernsee	223,8	208,6	980,4	1038
	St. Andr	239,6	226,9	1066,4	
	St. Zeno	247,9	232,7	1093,7	
48°	München	238,8	227,2	1067,8	
	Ingolstadt	248,8	231,4	1087,6	1077
49°	Regensburg	242,9	227,5	1069,2	
	Manheim	251,5	236,3	1116,6	1109
	Würzburg	256,1	242,9	1141,6	
51°	Erfurt (*)	326,0	310,7	1460,2	1460

Herr Toaldo machet hier eine Ausnahme von der Regelmäßigkeit der Abänderung in der Atmosphäre bey dem Wachsthum der Breite, die ich nicht zu erklären weiß.

B 2

Es

*) Beobachtungen der Veränderung der Witterung und Luft in Erfurt von Planer S. 5. die größte Höhe war bey der Temperatur 0 de Luc 11 3. 8 L. 8 Scrpl. den 10. Jenner. Dieses giebt unter der Normal-Temperatur 5417 zugehöri-ge Wärme 915. die kleinste den 17. Febr. 16 3. 6 L. 10 Scrpl. unter der Luc o dieses giebt unter der Normal-Temperatur 5106. Veränderungs-Sca-le 311. Mittlere Temperatur — 11 de Luc = 961. Mittl. Gewicht 5300.

12

Es ist das Maaß der Veränderungs-Skale unter dem 46 ° = 991 Fuß
unter dem 48 ° = 1077
_____
2068

für dem 47 ° = 1034

welches auch die Tafel giebet.

Desgleichen unter dem 47 ° = 1034
49 ° = 1109
_____
2143

48 ° = 1071 Fuß, welches auch die Tafel
giebet.

Nun ist unter dem 50sten Grade an keinen Orte das ganze Jahr beobachtet worden, deshalb Glaube schlüßen zu dürfen
49 ° = 1109
51 ° = 1460
_____
2569

50 ° = 1284 Fuß

Wenn die Abänderung in der Atmosphäre gleich groß wäre, so müste auch das Maaß derselbigen gleich groß seyn. Ew. Hochgebohrnen sehen aber, daß das Maaß bey wachsenden Graden sich größert, woraus erhellet, daß die Abänderungen in der Atmosphäre selbst mit zunehmender Näherung gegen den Pol sich größert. Wolte man aber zu erweisen suchen, daß die Abänderungen bennoch gleich groß wären, so müste erwiesen werden, daß die Dichtigkeit der Luft gegen die Pole zuwüchse, und daß der Werth für m, daß ist die Höhe einer 1 Scpl. schwerer, sich unter dem Drucke 3600 und unter der Wärme 1000 befindlichen Luftsäule, sich gegen die Pole kleinere, daß also selbst die Atmosphärische Luft unter dem Pole, eine größere Fundamental specifische Schwere habe, als näher gegen dem Aequator, und zwar dieses in umgekehrten Verhältniß des Maaßes der Veränderungs-Skalen.

Ich empfehle mich Dero fernern Gnade und bin ꝛc.

Drit-

Dritter Brief.

Nordhausen, den 20. Jan. 1784.

Ew. Hochgebohrnen werden sowohl im 72 §. meines Systems der Höhenmeßkunst als auch im 7 §. der Abhandlung über des Herrn de Luc Höhenmeßkunst, welches sich beydes in dem 2ten Bande der Beyträge befindet, gefunden haben, wie man im 1sten Falle vermittelst der bekannten Erhöhung eines Beobachtungs-Ortes über den andern, und in dem 2ten vermittelst des bekannten Werthes für m oder vermittelst der bekannten Höhe einer Luftsäule, die sich unter dem Drucke 5600 bey der Normal-Temperatur befindet und 1 Scpl. schwer ist, das Verhältniß der specifischen Schwere der Luft zum Quecksilber finden soll. Da aber selten Beobachtungen auf nivellirten Höhen zu machen sind, und der Werth für m noch nicht gehörig hat bestimmt werden können, so sehe ich mich genöthiget, da ich in folgenden die Dichte der Luft nöthig habe, solche also auszudrücken, damit man beyde Hülfsmittel eben nicht nöthig habe, und dieses wird geschehn, wenn man nur das Verhältniß der relativen Dichte der Luft verschiedener Beobachtungs-Oerter anzugeben weiß, ob man gleich das Verhältniß der Luft zum Quecksilber nicht angeben kan.

Wenn die Temperatur der Luft sich beständig gleich wäre, so würde sich die Dichte der Luft, welche den Beobachter umgiebet, beständig verhalten, wie das Gewichte, mit welchem die Luft zusammen gepresset ist — dieses ist Mariottens Lehrsatz.

Wenn das Gewichte der Atmosphäre sich beständig gleich bliebe, und bloß die Wärme änderte sich ab, so würde die Dichte der Luft die den Beobachter umgiebet, in umgekehrten Verhältnisse der Wärme stehen — dieses ist Amontons Lehrsatz.

Da sich aber in der Atmosphäre sowohl der Druck als auch die Wärme abändert, so stehet die Dichte im geraden Verhältniß des Gewichtes und im umgekehrten der Wärme.

Nun muß man eines von beyden, entweder Druck oder Wärme wählen, um der Dichte eine beständige Benennung zu geben, so läßt sich solche bey gleicher Wärme durch das Gewichte und bey gleichen Gewichte durch die Wärme angeben — Ich will die Wärme zur beständigen Größe annehmen und die Dichte durch das Gewichte anzeigen, der Grad Wärme sey

B 3

ju

ju diefer Abficht die Normal-Temperatur. Wenn also gnädigfter Herr
Graf, die Temperatur der Luft, die den Beobachter umgiebet, die Normal-Temperatur ift, fo drücket das Gewichte der Atmofphäre die Dichte
der Luft aus,

Wenn aber die Temperatur der Luft nicht die Normal-Temperatur
ift, fo drücket auch das Gewichte nicht die Dichte aus; denn ift die Wärme
größer, fo ift die Dichte kleiner, und ift die Wärme kleiner, fo wird die
Dichte der Luft fo den Beobachter umgiebet, größer, als das Gewichte der
Atmofphäre feyn.

Wenn alfo Hochgebohrner Herr Graf, der Druck 5110 und die
Wärme 1000 fo ift auch die Dichte 5110 ift aber die Wärme kleiner oder
größer als 1000 alfo $= 1000 \overset{+}{-} e$ fo ift die Dichte

$$\frac{5110 . 1000}{1000 \overset{+}{-} e}$$

Setzet man nun $1000 \overset{+}{-} e = 960$ fo wäre die Dichte $\frac{5110}{0,960} = 5323$
das heißt, die Luft ift bey 5110 Septl. Gewichte und der Wärme 960° eben
fo dichte als bey dem Drucke 5323 und bey der Wärme der Normal-Temperatur. Es ift demnach Dichte der Luft, fo wie ich folche in folgenden gnädigfter Herr Graf, ju gebrauchen gedenke, nichts anders als derjenige Zuftand der Luft die den Beobachter umgiebet, auf einen gleichen Zuftand gebracht,
den man gefunden haben würde, wenn die Wärme nicht veränderlich, fon-
dern fich beftändig gleich, und die Normal-Temperatur wäre oder folche ift
eine berechnete Schwere, die der Normal-Temperatur jugehöret.

Da ich im Syftem der Höhenmeßkunft, das Gewicht der Atmofphäre 5600 und die Normal-Temperatur als Bafis angenommen habe, fo giebet diefes ein Hülfsmittel ab, mit welchen man unterfuchen kan, ob der gefundene Zuftand der Luft beygegebenen Gewichte und Wärme, auch dem
durch bloßes Gewichte ausgedrückten und vermittelft der Rechnung gefundenen entfpricht, fo wäre in diefem Falle bey dem Drucke 5110 und der
Wärme der Normal-Temperatur die Höhe der Luftfäule, wenn ihre Höhe

beym Gewichte 5600 und ebenfals der Normal-Temperatur $= 1$ ift, $\frac{5600}{5110}$

$= 1,09591$ nach der Tafel §. 7. des Syftems.

Hin-

Hingegen würde die Höhe derselben bey dem Gewichte 5323 und der Normal-Temperatur $\frac{5600}{5323}$ = 1,05206 Theile der Einheit seyn. Da aber im 1sten Falle bey dem Drucke 5110 nicht die Wärme die Normal-Temperatur sondern 960 ist, so ist auch die Höhe nach dem 19 §. des Systems = 0,960 . 1,0959 = 1,05217

Da nun dieses Höhen von Luftsäulen sind, die gleich schwer, und auch die Höhen einander gleich, so muß auch in beyden Fällen die Dichte der Luft gleich groß seyn. Setzet man nun das Gewichte der Atmosphäre = B die Wärme δ, so wird die Dichte = $\frac{B}{\delta}$ seyn, und man hat nur nöthig um die Dichte der Luft zu finden, das Gewichte mit der Wärme zu dividiren.

Wenn man also das mittlere Gewichte der Atmosphäre eines Ortes, durch die Wärme desselben Ortes dividirt, so erhält man die mittlere Dichte, so diesem Ort zugehöret; Diese Rechnung habe ich für die bereits in vorigen angegebenen Oerter gemacht, und die ihnen zugehörige mittlere Dichte in nachfolgende Tafel gebracht.

Beobachtungs-Oerter	Dichte
S. Gotharde	4480
Peissenberg	5043
Tegernsee	5164
S. Andex	5170
München	5285
S. Zeno	5330
Ingolstadt	5379
Regenspurg	5384
Würzburg	5368
Erfurt	5531
Manheim	5533
Padua	5599

Ew.

Ew. Hochgebohrnen habe in dem ersten Briefe gezeiget, daß sich
die Größe der Veränderungs-Skale nicht mit dem Gewichte der Atmosphäre vergleichen lasse, indem dieselbe nicht allein durch das Gewichte sondern
zugleich durch die Wärme bestimmet werde, und hier habe ich mich zu zeigen bemühet, wie die Verbindung des Gewichtes der Atmosphäre mit der
Wärme zu machen, und daß hierdurch die Dichte der Luft gefunden werde.
Da nun Dichte der Luft in geraden Verhältniß des Druckes und umgekehrten
der Wärme stehet, dieses aber nach dem 53 §. des Systems auch von dem
Werth für D gilt, da nun ferner im ersten Briefe erwiesen worden, daß der
Werth D und die Veränderungs-Skale einerley ist, so verhalten sich die Ver-
änderungs-Skalen wie die Dichte der Luft.

Diesemnach folget der allgemeine Satz

Die Größe der Veränderungs-Skale entspricht der mittlern Dichte
der Luft.

Nun erhellet aber aus dem 2ten Briefe, daß bey wachsender
Breite sich das Maaß der Veränderungs-Skale, mithin die Veränderungs-
Skale selbst größert, so folget hieraus auch die Richtigkeit dessen, was ich
dort nur muthmaßte, daß sich nemlich die Dichte der Luft bey zunehmendem
Graden der Breite größere, und daß sich dieserwegen der Werth für m
kleinern müsse.

Da die Größe der Veränderungs-Skale Maaß der mittlern Dichte
der Luft ist, so findet man aus der gegebenen Veränderungs-Skale eines
Ortes, und der mittlern Dichte desselben die Veränderungs-Skale eines andern Ortes, dessen mittlere Dichte bekannt, wenn man zu diesen 3 Größen die
4te Proportional-Zahl suchet: Da aber bey wachsender Breite auch die
Dichte der Luft und mit ihr die Veränderungs-Skale wächst, so findet diese
Rechnungs-Art nur bey Orten, die unter einerley Polhöhe liegen, statt.

Wenn aber aus der gegebenen mittlern Dichte und zugehöriger Veränderungs-Skale eines Ortes, und der gegebenen mittlern Dichte eines
andern Ortes, der unter einen andern Grade der Breite lieget, die Veränderungs-Skale bestimmet werden so muß die nachbesagter Berechnungs-Art
heraus gebrachte Veränderungs-Skale nochmahls berichtigt werden, und
dieses werde ich in folgenden untersuchen.

Man habe oder auch man hat vermittelst würklicher Beobachtungen
für verschiedene Oerter, wie hier der Fall ist, nicht allein die mittlere Dichte
der

der Luft, sondern auch die Größe der Veränderungs-Skale gefunden, erste=
res sey $= D$ das 2te $= D$ so ist $\frac{D}{D}$ eine Größe, der man den Nahmen

allgemeine Größe der Veränderungs-Skale

geben könnte; Multiplicirt man nun mit selbiger eine gegebene Dichtigkeit
der Luft, so ist das Product die Größe der Veränderungs-Skale desjenigen
Orts, dem die gegebene Dichtigkeit zugehöret.

Ich habe diese Größen in nachfolgende Tafel gebracht, und solche
nach der Polhöhe geordnet.

Pol-Höhe	Beo-bachtungs-Ort	D	D	$\frac{D}{D}$	Mittel $\frac{D}{D}$
45 °	Padua	273	5599	0,04876	0,04876
46 °	S. Gotthardt	166	4480	0,03705	0,03705
47 °	Peissenberg	192	5043	0,03807	
	Tegernsee	195	5164	0,03776	0,03981
	St. Andex	212	5170	0,04100	
	St. Zeno	226	5330	0 04240	
48 °	München	216	5258	0,04108	0,04182
	Ingolstadt	229	5379	0,04257	
49 °	Regensburg	235	5384	0,04364	
	Manheim	239	5533	0,04319	0,04399
	Würzburg	242	5368	0,04513	
51 °	Erfurt	311	5531	0,05623	0,05623

Daß Padua eine Ausnahme machet, habe ich bereits erinnert.

Es sey nun eines Ortes mittlere Dichte der Luft unter dem 47 ° be=
kannt, es fragt sich, wie groß ist hier die Veränderungs-Skale.

C

Auf-

18

Auflösung.

Man multiplicire die mittlere Dichte mit 0,03981 so giebt das Product das gesuchte. So ebenfals bey denen andern Graden der Breite.

Will man aber die Dichte nicht selbst aus dem mittlern Gewichte der Atmosphäre und Wärme suchen, so schliesset man, weil die Dichte ein Quotient des Gewichtes durch die Wärme dividirt ist.

Wie sich verhält die mittlere Wärme zum Gewichte. so die allgemeine Größe der Veränderungs-Skale zur ganzen Veränderungs-Skale dieses Ortes.

Ew. Hochgebohrnen werden hierbey bemerken, wie nöthig es sey, bey meteorologischen Beobachtungen nicht allein auf Gewicht und Wärme sondern zugleich auf die Dichte der Luft Rücksicht zu nehmen, da nun diese durch die Division des Gewichtes durch die Wärme gefunden wird, so ist dieses ein neuer Beweiß, von den Vorzügen meiner Thermometer-Skale für denen andern, mit welchen die Berechnung ohne Reduktion auf das meinige ganz und gar nicht zu machen ist.

Ich bin ꝛc.

Vierter Brief.

Nordhausen, den 24. Jan. 1784.

Ich glaubte nicht, gnädigster Herr Graf, da ich das Schreiben vom 2ten Januarius an Dieselben abschickte, daß ich mich in einem so weitläuftigen Felde befände, wie ich nunmehro vor mir sehe, sondern ich gedachte ohne große Weitläuftigkeit in folgenden Briefe bereits die Aufgabe des Herrn Abts von Felbigers aufzulösen zu können, und hatte nichts weniger in Gedanken, als mich mit einer Untersuchung auf das neue mit denen Mannheimer Beobachtungen abzugeben. Doch da ich heute durch den Hrn. Prof. Planer den Rest der meteorol. Beobachtungen von 1783. erhalten habe, und mit ehesten die Gothaischen durch den Herrn Legations-Rath Lichtenberg zu erhalten hoffe, und meine Pflicht erfordert, des gnädigsten Zutrauens, mit welchem sowohl Sr. Durchlaucht der Herr Herzog von Gotha, als auch Sr. Excellenz der Herr Stadthalter Reichs-Freyherr von Dalberg mir die Herausgabe der Beobachtungen aufgetragen haben, würdig zu machen, so sehe ich die Mannheimer Beobachtungen als ein Hülfs-Mittel an, denjenigen Weg zu finden, den man gehen muß, um der Absicht aller meteorol. Beobachtungen zu entsprechen.

Aus mehr als einer Ursache, gnädigster Herr Graf aber, werde ich mich nicht in die vollkommene Zergliederung dieser Mannheimischen Beobachtungen einlassen, ich werde solche nur hier in so fern nutzen, als ich solche zu Entwerfung des Planes, den ich in Zukunft befolgen werde, nöthig habe. — Sie werden also nicht das Ganze finden, sondern bloße Bruchstücke derer fernern Bearbeitung — Verbindung und Zusammensetzung nicht mein Berufs-Geschäfte ist, sondern da ich in unsern Beobachtungen selbst Materialien zu einem meteorologischen Gebäude gnugsam antreffen werde, so glaube auch Gelegenheit gnug zu haben, Betrachtungen über den Gang der Atmosphäre anstellen zu können, um zu versuchen, ob dasjenige Gesetze zu entdecken ist, nach welchem sich die Witterung bestimmen lässet.

Es ist nicht möglich, Hochgebohrner Herr Graf, anjetzo diesen Gegenstand ferner zu betrachten, bevor ich nicht die Erklärung einiger in der Folge zu gebrauchenden Redens-Arten gebe.

Sum-

Summarisch mittleres Gewichte der Atmosphäre, werde ich in Zu:
kunft dasjenige Gewichte der Atmosphäre nennen, welches man gefunden
haben würde, wenn alle Stunden des Tages Beobachtungen gemacht wor:
den wären, dieses theilet sich in 2 besondere Theile, als:

a) Täglich mittleres summarisches Gewichte,

b) Jährlich mittleres summarisches Gewichte, ab.

Eben dieses werde ich unter der summarischen mittlern Temperatur
verstehen.

Wenn man das mittlere Gewichte der Atmosphäre von grösten Beo:
bachteten abziehet, so heisset der Unterschied die obern Veränderungs:Sta:
le, hingegen wenn man von mittlern Gewichte die kleinste beobachtete
Schwere abziehet, so heisset solches die untere Veränderungs:Skale. Die:
se Veränderungs:Skalen theilen sich wiederum in 2 verschiedene ab. Man
fraget, wie groß die monathliche Veränderungs:Skale, daß heißt diejeni:
ge, die man findet, wenn man das monathliche mittlere Gewichte mit dem
in diesem Monath beobachteten grösten und kleinsten Gewichte vergleichet.
Man kan aber auch fragen, wie groß war die monat:jährliche Verändes
rungs:Skale, daß ist diejenige, welche man findet, wenn man die grösten
und kleinsten in einem Monat gemachten Beobachtungen mit dem jährlichen
Mittel vergleichet.   Da aber selbst das mittlere Gewichte eines jeden Mo:
naths grösser oder kleiner als das mittlere jährliche ist, so entstehet aus die:
ser Vergleichung wiederum eine besondere Veränderungs:Skale, welcher
man die Benennung mittlere: monat:jährliche geben kan. Wenn man aber
jede gemachte Beobachtung mit der mittlern jährlichen vergleichet, wie ich
in Zukunft willens bin, so setzet man tägliche Veränderungs:Skale und se:
tzt das Zeichen (†) oder (—) vor, um hierdurch anzuzeigen, ob das Ge:
wicht grösser oder kleiner als das mittlere jährliche gewesen; Ich werde aber
bey diesen letztern besonders auf das Maaß der Abänderung Rücksicht neh:
men, und mich deshalb des Ausdruckes tägliches Maaß der Abweichung
bedienen.

Ich bin ꝛc.

Fünfter Brief.

Nordhausen, den 27. Jan. 1784.

Nichts erschweret gnädigster Herr Graf, die Vergleichungen des Gan-
ges des Schwermaaßes verschiedener Oerter mit einander so sehr, als
die ungleiche Erhöhung der Beobachtungs-Oerter über der Fläche des Meeres, indem hierdurch die Größe der Veränderungs-Skalen bey wachsender
Erhöhung sich kleinern; Da aber das Maaß der Veränderungs-Skalen ein
Hülfsmittel ist, die Abänderungen in der Atmosphäre zu bestimmen, und
sich hier der Einfluß dem die verschiedenen Erhöhungen der Beobachtungs-
Oerter auf die Veränderungs-Skale haben, absondert, so würde dieses Maaß
der Abänderung ein bequemes Hülfsmittel seyn, den Gang der Atmosphäre
an verschiedenen Oerter mit einander zu vergleichen, und dieses würde geschehn können, wenn man aus jeder gemachten Beobachtung, und dem
mittlern summarischen Gewichte und Wärme, das Maaß der täglichen Abänderung bestimmte.

Eben war ich im Begriff diese Untersuchung anzustellen, so entstand
bey mir ein Gedanke, dem ich den Vorzug, für dieser Berechnungs-Art ein-
räumen muste, die ich zu machen gedachte, und ich habe hiermit die Ehre
solchen Ew. Hochgebohrnen fürzulegen.

Es ist das summarische mittlere Gewichte der Atmosphäre und die
summarische mittlere Wärme bekannt, an diesem Orte werden Barometer-
und Thermometer-Beobachtungen gemacht. Es fragt sich, wenn dieses
Ortes summarische mittlere Wärme die Normal-Temperatur wäre, und letz-
tere sich nie abänderte, was würde man alsdann an diesem Orte für ein Gewicht der Atmosphäre anstatt des obigen gefundenen beobachtet haben?

Im

Im 14 §. des Systems gebe ich die Formel

$$5600 \dagger \frac{\beta \, \mathcal{J} \, D}{\beta} = x \text{ wo } \beta = 5600 \text{ ist}$$

und die dort befindliche Aufgabe ist der hier gegebenen vollkommen gleich, nur daß hier anstatt 5600 nur 5400 gesetzet werden muß, deshalb ist solche zu dieser Absicht

$$5400 \dagger \frac{5400 \, \mathcal{J} \, D}{\beta} = x$$

Dem Gewichte der Atmosphäre 5400 bey der Normal-Temperatur will ich den Nahmen des Universal mittlern summarischen Gewichtes geben, und jedes nach dieser Formel berechnete Gewichte heiße das Universal-Gewichte, da das Gewichte 5400 und die Wärme 1000 hier zusammen gehöret, so ist hier Dichte und Druck einerley, man kan deshalb auch sagen, dem Universal mittlern Gewichte entspricht die Dichte 5400.

D. Ist die Veränderungs-Skale, oder der Unterschied zwischen dem mittlern summarischen Gewichte des Beobachtungs-Ortes und dem beobachteten Gewichte. Ist nun das mittlere summarische größer als das beobachtete, so bekommt D das Zeichen (—) ist solches aber kleiner das Zeichen (†).

ℐ. Ist die mittlere Wärme zwischen der beobachteten und der mittlern summarischen. Und

B. Das beobachtete Gewichte der Atmosphäre.

Ich will annehmen es sey zu A das summarische mittlere Gewichte 5100 die mittlere summarische Wärme 954. Hier würde zu einer gewissen Zeit x beobachtet

Gewicht der Atmosphäre 5110

Wärme   980

Es fragt sich, was entspricht dieser Beobachtung für ein Universal-Gewichte?

Die

Die Auflösung gnädigster Herr Graf, ist folgende:

1) Man ziehet das beobachtete Gewichte von summarischen ab, und dahier das beobachtete kleiner als das summarische, so wird das negative Zeichen vorgesetzt

$$\begin{array}{r} 5300 \\ \underline{5110} \\ -\;190 = D. \end{array}$$ Alsdann suchet man

2) Die mittlere Wärme zwischen den summarischen Mittel und der beobachteten

$$\begin{array}{r} 954 \\ \underline{980} \\ 967 = \delta. \end{array}$$ Hierauf wird

3) Der Quotient des summarischen Gewichtes in das mittlere Universal-Gewichte gemacht

$$\frac{5400}{5300} = 1,019 \text{ und}$$

4) Diese 3 gefundenen Größen in einander multipliciret

$$-\,190 . 0,967 . 1,019 = -\,187 = \text{der Veränderungs-Skale.}$$

Da nun

5) Die Größe der Veränderungs-Skale das Zeichen (—) hat, so ist 5400 — 187 = 5213 als das gesuchte Universal-Gewichte, welches dem Beobachten entspricht, und also für das Gewichte 5110 und Wärme 960 substituirt werden kan.

Da nun des Ortes A mittleres summarisches Gewichte 5300 und Wärme 954 ist, und hier zur Zeit x das Gewichte 5110 und Wärme 960 beobachtet worden, so muß das Maaß der Abänderung in hiermit halten so groß seyn als das Maaß zwischen dem Universal mittlern Gewichte 5400 und dem berechneten 5213 ist.

Nun ist im 1sten Falle

$$5300 \ T = 3187,4 \quad \text{Wärme} \quad 954$$
$$5110 \ T = 2982,9 \quad - \quad 980$$
$$\overline{204,5 \qquad 967}$$

und $204,5 \times 0,967 = 197,7$ m $=$ dem Maaß der Abänderung.

Im 2ten Falle ist

$$5400 \ T = 3292,1 \quad \text{Wärme} \quad 1,000$$
$$5213 \ T = 3094,7 \quad - \quad 1,000$$
$$\overline{197,4 \qquad 1,000}$$

und $197,4 \times 1,000 = 197,4$ m $=$ dem Maaß der Abänderung.

Setzet man nun m $= 4,7$ Fuß, so wäre im 1sten Falle das Maaß 929,19 Fuß und in 2ten 927,78 Fuß, also Verschiedenheit 1,41 Fuß.

Man findet in dem letzten Falle das Mariot-Amonton'sche Maaß der Abänderung, wenn man von 3292,1 die Werthe für T eines jeden Gewichtes das kleinere als 5400 abziehet, oder umgekehrt, wenn man von den Werthe für T wenn solcher größer als 5400, T $= 3292,1$ abziehet, ich habe deßhalb gnädigster Herr Graf, um diese Berechnung ein für alle mahl abmachen, bey liegende Tafel verfertigt, vermittelst welcher man durch das bloße Aufschlagen des Universal-Gewichtes die Größe der Mariot-Amontonschen Abänderung findet.

Die hier gegebene Probe, über die Richtigkeit der Methode, führet mich gnädigster Herr Graf, von sich selbst auf eine andere Auflösung, die gewissermaßen der zuvor gegebenen noch vorzuziehen ist, weil solche etwas mehr Licht, über dem Zusammenhang der Methode verbreitet, und in dieser Rücksicht, will ich die Aufgabe ganz allgemein vortragen.

Es ist das sämm... e mittlere Gewichte und Wärme eines Ortes bekannt, hier ist zu einer gewissen Zeit x das Gewicht ß und die Wärme ♪ beobachtet; Man soll finden, wie groß daß dieser Beobachtung entsprechende Universal-Gewichte sey.

Auf-

Auflösung.

1) Man suchet das Mariot-Amonton'sche Maaß der Abänderung, dieses ziehet man von 3292,1 ab, so giebt der Rest den Werth für T.

2) Diesen schläget man in der Mariotschen Höhen-Tafel (Beyträge 2ten Band §. 7.) so ist das entsprechende Gewicht der Tafel, das Universal-Gewichte.

Ziehet man dieses nun vom Universal-Gewichte ab, oder umgekehrt, so giebst der Rest die Universal-Veränderungs-Skale.

Es sey alles wie zuvor

$$
\begin{array}{llll}
\text{So ist } 5300 \; T = & 3187,4 & \partial & 954 \\
5110 \; T & 2982,9 & & 980 \\
\hline
& 204,5 \;\bowtie\; 967 = & 197,75 = \pi.
\end{array}
$$

Nun ist T 5400 = 3292,1

$$\underline{\qquad\qquad 197,7}$$

3094,4 = T dessen Werth nach der Mariot-schen Höhen-Tafel = 5213 ist, als dem gesuchten Universal-Gewichte

dieses gäbe zur Veränderungs-Skale 5400 — 5213 = 187

Wenn aber gnädigster Herr Graf, π den positiven Werth hätte, und dieses würde geschehen, wenn in dieser Aufgabe das summarische Gewicht 5110 und die Wärme 980 angenommen worden wäre, dieses gäbe

$$
\begin{array}{l}
3292,1 \\
\dagger 197,7 \\
\hline
3489,8
\end{array}
$$

= T diesem entspricht das Gewichte 5594 und in diesem Falle wäre die Größe der Veränderungs-Skale 5594 — 5400 = 194.

Hieraus folget, daß bey größerer Schwere der Atmosphäre sich auch die Veränderungs-Skale größere. Es gehöret aber hier die Veränderungs-Skale 187 dem mittleren Gewichte $\frac{5400 + 5213}{2} = 5307$ zu, und die

Veränderungs-Skale 194 gehöret dem mittlern Gewichte $\frac{5594 + 5400}{2}$ $= 5497$ verhalten sich nun die Veränderungs-Skalen wie die Gewichte der Atmosphäre, so muß auch

$$5497 : 5307 = 194 : 187 \text{ seyn,}$$

welches auch richtig ist.

Dieses scheint demjenigen zu widersprechen, was ich im 1sten Briefe mich zu erweisen bemühet habe, es ist aber hier das Gewichte nicht bloßes Gewicht, sondern zugleich Dichtigkeit der Luft, indem beyden einerley Wärme = 1000 zugehöret, deshalb ist auch hier, auf einen ganz andern Wege erwiesen

"daß sich die Veränderungs-Skalen, wie die Dichten der Luft verhalten.

Da nun dieser Satz hinlänglich erwiesen ist, so wird es auch nicht schwer fallen, vermittelst desselbigen des Herrn Abts von Selbigers Aufgabe aufzulösen.

Ich bin ic.

Tafel

welche für jedes Universal-Gewicht das Mariot-Amontensche Maaß der Abänderung in der Atmosphäre anzeiget.

Unis verf. Gew.	Maaß der Abänd.	Unis verf. Gew.	Maaß der Abänd.	Unis verf. Gew	Maaß der Abänd.	Unis verf. Gew.	Maaß der Abänd.	Unis verf. Gew.	Maaß der Abänd.
5600	†203,8	5580	†183,6	5560	†163.5	5540	†143,3	5520	†123,1
5599	†202,8	5579	†182,6	5559	†162,5	5539	†142,3	5519	†122,1
5598	†201,8	5578	†181,6	5558	†161,5	5538	†141,3	5518	†121,1
5597	†200,8	5577	†180,6	5557	†160,5	5537	†140,3	5517	†120,1
5596	†199,8	5576	†179,6	5556	†159,5	5536	†139,3	5516	†119,1
5595	†198,8	5575	†178,6	5555	†158,5	5535	†138,3	5515	†118,1
5594	†197,8	5574	†177,6	5554	†157,5	5534	†137,3	5514	†117,1
5593	†196,8	5573	†176,6	5553	†156,5	5533	†136,3	5513	†116,1
5592	†195,8	5572	†175,6	5552	†155,5	5532	†135,3	5512	†115,1
5591	†194,8	5571	†174,6	5551	†154,5	5531	†134,3	5511	†114,1
5590	†193,7	5570	†173,6	5550	†153,5	5530	†133,2	5510	†113,0
5589	†192,7	5569	†172,6	5549	†152,4	5529	†132,2	5509	†112,0
5588	†191,7	5568	†171,6	5548	†151,4	5528	†131,2	5508	†111,0
5587	†190,7	5567	†170,6	5547	†150,4	5527	†130,2	5507	†110,0
5586	†189,7	5566	†169,6	5546	†149,4	5526	†129,2	5506	†109,0
5585	†188,7	5565	†168,6	5545	†148,4	5525	†128,2	5505	†108,0
5584	†187,7	5564	†167,6	5544	†147,4	5524	†127,2	5504	†107,0
5583	†186,7	5563	†166,6	5543	†146,4	5523	†126,2	5503	†106,0
5582	†185,7	5562	†165,6	5542	†145,4	5522	†125,2	5502	†104,9
5581	†184,7	5561	†164,6	5541	†144,4	5521	†124,2	5501	†103,9

D 2

Mariottisch-Amontonsches Maaß

Univ. verf. Gew.	Maaß der Abänd.	Univ. verf. Gew.	Maaß der Abänd.	Univ. verf. Gew.	Maaß der Abänd.	Univ. verf. Gew.	Maaß der Abänd.	Univ. verf. Gew.	Maaß der Abänd.
5500	†102,8	5470	†72,1	5440	†41,3	5410	†10,4	5380	-20,8
5499	†101,8	5469	†71,1	5439	†40,3	5409	†9,4	5379	-21,8
5498	†100,8	5468	†70,1	5438	†39,3	5408	†8,4	†378	-22,9
5497	†99,7	5467	†69,1	5437	†38,2	5407	†7,3	5377	-23,9
5496	†98,7	5466	†68,1	5436	†37,2	5406	†6,3	5376	-25,0
5495	†97,7	5465	†67,0	5435	†36,2	5405	†5,2	5375	-26,0
5494	†96,7	5464	†66,0	5434	†35,2	5404	†4,2	5374	-27,1
5493	†95,6	5463	†65,0	5433	†34,1	5403	†3,2	5373	-28,1
5492	†94,6	5462	†64,0	5432	†33,1	5402	†-2,1	5372	-29,2
5491	†93,6	5461	†63,0	5431	†32,1	5401	†1,1	5371	-30,2
5490	†92,5	5460	†61,9	5430	†31,0	5400	0	5370	-31,3
5489	†91,5	5459	†60,9	5429	†30,0	5399	— 1,0	5369	-32,3
5488	†90,5	5458	†59,9	5428	†29,0	5398	— 2,0	5368	-33,3
5487	†89,5	5457	†58,8	5427	†28,0	5397	— 3,1	5367	-34,4
5486	†88,5	5456	†57,8	5426	†27,0	5396	— 4,1	5366	-35,4
5485	†87,5	5455	†56,8	5425	†26,0	5395	— 5,2	5365	-36,4
5484	†86,5	5454	†55,7	5424	†25,0	5394	— 6,2	5364	-37,4
5483	†85,5	5453	†54,7	5423	†24,0	5393	— 7,3	5363	-38,5
5482	†84,5	5452	†53,6	5422	†23,0	5392	— 8,3	5362	-39,5
5481	†83,5	5451	†52,6	5421	†22,0	5391	— 9,3	5361	-40,5
5480	†82,4	5450	†51,6	5420	†20,8	5390	— 10,4	5360	-41,6
5479	†81,4	5449	†50,6	5419	†19,8	5389	— 11,4	5359	-42,6
5478	†80,4	5448	†49,6	5418	†18,8	5388	— 12,4	5358	-43,6
5477	†79,3	5447	†48,5	5417	†17,7	5387	— 13,5	5357	-44,7
5476	†78,3	5446	†47,5	5416	†16,7	5386	— 14,5	5356	-45 7
5475	†77,3	5445	†46,5	5415	†15,6	5385	— 15,6	5355	-46,8
5474	†76,2	5444	†45,4	5414	†14,6	5384	— 16,6	5354	-47,8
5473	†75,2	5443	†44,4	5413	†13,6	5383	— 17 7	5353	-48,9
5472	†74,2	5442	†43,4	5412	†12,5	5382	— 18,7	5352	-49,9
5471	†73,2	5441	†42,4	5411	†11,5	5381	— 19,7	5351	-50,9

der Abänderung in der Atmosphäre.

Univerf. Gew.	Maaß der Abänd.	Univerf. Gew.	Maaß der Abänd.	Univerf. Gew.	Maaß der Abänd.	Univerf. Gew.	Maaß der Abänd.	Univerf. Gew.	Maaß der Abänd
5350	- 52,1	5320	- 83,6	5290	-115,3	5260	-147,1	5230	-179,2
5349	- 53,1	5319	- 84,6	5289	-116,4	5259	-148,2	5229	-180,2
5348	- 54,2	5318	- 85,7	5288	-117,4	5258	-149,2	5228	-181,3
5347	- 55,2	5317	- 86,7	5287	-118,5	5257	-150,3	5227	-182,3
5346	- 56,3	5316	- 87,8	5286	-119,5	5256	-151,4	5226	-183,4
5345	- 57,3	5315	- 88,8	5285	-120,6	5255	-152,4	5225	-184,5
5344	- 58,4	5314	- 89,9	5284	-121,6	5254	-153,5	5224	-185,5
5343	- 59,4	5313	- 90,9	5283	-122,7	5253	-154,6	5223	-186,6
5342	- 60,5	5312	- 92,0	5282	123,8	5252	-155,7	5222	-187,7
5341	- 61,5	5311	- 93,0	5281	-124,8	5251	-156,7	5221	-188,8
5340	- 62,6	5310	- 94,1	5280	-125,9	5250	-157,8	5220	-189,9
5339	- 63,6	5309	- 95,1	5279	-127,0	5249	-158,9	5219	-191,0
5338	- 64,7	5308	- 96,2	5278	-128,0	5248	-160,0	5218	-192,0
5337	- 65,7	5307	- 97,2	5277	-129,1	5247	-161,0	5217	-193,1
5336	- 66,8	5306	- 98,3	5276	-130,1	5246	-162,1	5216	-194,1
5335	- 67,8	5305	- 99,4	5275	-131,2	5245	-163,2	5215	-195,2
5334	- 68,8	5304	-100,4	5274	-132,2	5244	-164,2	5214	-196,3
5333	- 69,9	5303	-101,5	5273	-133,3	5243	-165,3	5213	-197,4
5332	- 70,9	5302	-102,5	5272	-134,4	5242	-166,4	5212	-198,4
5331	- 71,9	5301	-103,6	5271	-135,4	5241	-167,4	5211	-199,5
5330	- 73,0	5300	-104,7	5270	-136,5	5240	-168,5	5210	-200,6
5329	- 74,0	5299	-105,7	5269	-137,5	5239	-169,6	5209	-201,7
5328	- 75,1	5298	-106,8	5268	-138,6	5238	-170,7	5208	-202,8
5327	- 76,1	5297	-107,8	5267	-139,6	5237	-171,8	5207	-203,8
5326	- 77,2	5296	-108,9	5266	-140,7	5236	-172,9	5206	-204,9
5325	- 78,2	5295	-109,9	5265	-141,8	5235	-173,9	5205	-206,0
5324	- 89,3	5294	-111,0	5264	-142,8	5234	-175,0	5204	-207,1
5323	- 80,4	5293	-112,1	5263	-143,9	5233	176,0	5203	-208,1
5322	- 81,4	5292	-113,2	5262	-145,0	5232	-177,1	5202	-209,2
5321	- 82,5	5291	114,3	5261	146,0	5231	-178,1	5201	-210,3

Sechster Brief.

Nordhausen, den 30. Jan. 1784.

Der Beweiß gnädigster Herr Graf, den ich sowohl im 3ten als letztern Briefe in Rücksicht des Verhältnisses der Veränderungs-Skale und der Dichte der Luft gegeben habe, enthält auch auf eine doppelte Art die Auflösung der von Selbigerischen Aufgabe in sich; die eine Methode, das Gesuchte zu finden, enthalten folgende Schlüsse in sich, die ich alsdann vortragen werde, wenn ich die Aufgabe selbst wiederhohlet habe, jedoch muß ich derselben die Wärme beyfügen, auf welche sowohl der Herr Abt, als auch der seel. Baurath nicht Rücksicht genommen haben.

Es ist eines Ortes α

Mittleres Gewichte der Atmosphäre und Wärme bekannt.

Zu einer gewissen Zeit x werden hier Beobachtungen gemacht.

An einem andern Orte β werden zu eben dieser Zeit x Beobachtungen gemacht.

Es fraget sich, welches ist das mittlere Gewichte und Wärme des Ortes β.

Man schliesse.

Wie sich verhält

Die zur Zeit x gefundene Dichte der Luft an dem Orte α.

Zu der dem mittlern Gewichte und Wärme zugehörigen Dichte der Luft desselben Ortes.

So verhält sich die zur Zeit x gefundene Dichte der Luft an dem Orte β.

Zu der dem mittlern Gewichte und Wärme zugehörigen Dichte der Luft am Orte β.

welches das erste war.

Nun

Nun schließe man

Wie sich verhält

Die mittlere Dichte' der Luft zur Zeit x des Ortes α und β.

Zum Unterschiede in der Schwere der Atmosphäre beyder Oerter. (zur Veränderungs-Skale).

So die mittlere Dichte der Luft, die dem mittlern Gewichte und Wärme beyder Oerter entspricht.

Zum Unterschiede (zur Veränderungs-Skale) im Gewichte der Atmosphäre, zu derjenigen Zeit, wenn an jedem Orte die Atmosphäre ihre mittlere Schwere und Wärme hat.

welches das 2te war.

Ziehet man nun den hierdurch gefundenen Unterschied in dem Gewichte der Atmosphäre vom mittlern Gewichte des Ortes α ab, so bleibet das mittlere Gewichte des Ortes β übrig.

Welches also der gesuchte eine Theil der Aufgabe wäre.

Da nun $\frac{B}{f}$ = der Dichte der Luft ist, so ist auch $\frac{B}{\text{Dichte}} = f$. -

Man dividire also dieses gefundene mittlere Gewichte der Atmosphäre des Ortes β mit der mittlern Dichte des Ortes β, so giebt der Quotient die mittlere Wärme eben dieses Ortes. Welches also der 2te Theil des gesuchten wäre.

Es sey des Ortes α mittleres Gewichte $= 5420$
die Wärme $= 920$

So ist $\frac{5420}{920} = 5891 =$ dieses Ortes mittlere Dichte.

Hier werde beobachtet zur Zeit x Gewichte $= 5300$
Wärme $= 980$

So ist die beobachte Dichte der Luft $\frac{5300}{980} = 5408$.

An den Orte β werde beobachtet Gewicht 5110 Wärme 960

So ist die beobachtete Dichte $\frac{5110}{960} = 5323$.

Also

Also 5408 : 5323 = 5891 : 5799 = des Ortes β zugehörigen mittlern Gewichte und Wärme entsprechenden Dichte der Luft.

Nun suchet man die mittlere Dichte der Oerter a und β zur Zeit x.

Dichte des Ortes a = 5408.
Dichte des Ortes β = 5323.

10731.

2) ——————

Mittlere Dichte zur Zeit x = 5365. beyder Oerter.

Desgl. 5300 beobachtetes Gewichte zu a.

5110 dasselbe zu β,

190 Unterschied im Gewichte an beyden Orten.

Nunmehro 5891 Mitlere Dichte, so dem mittlern Gewichte und Wärme am Orte a entspricht.

5799 Dieselbe für β.

11690

a) 5845 mittlere Dichte beyder Oerter zur Zeit des mittlern Gewichtes und Wärme.

Nun ist 5365 : 190 = 5845 : 207 = der Größe der Veränderungs-Skale die dem mittlern Gewichte und Wärme an beyden Orten entspricht, deshalb 5420 — 207 = 5213 = dem mittlern Gewichte und $\frac{213}{5799}$ = 899 = der mittlern Wärme des Ortes β. Welches zu suchen war.

Ew. Hochgebohrnen werden bemerken, daß ich hier einiges vorausgesetzet habe, dessen Richtigkeit noch nicht erwiesen ist, und dieses bestehet fürnemlich darinn, daß ich angenommen habe, die Dichte der Luft an 2 verschiedenen Oertern, sey einander beständig proportional. Ich habe hierüber bereits einige Versuche gemacht, und werde solche in der Folge Ew. Hochgräflichen Gnaden zu überschicken nicht ermangeln, für jetzo aber werde ich nur vermittelst der berechneten Erhöhung des Ortes β über a die Richtigkeit der Berechnungs-Art zu erweisen suchen.

I) Er-

I) Erhöhung des Ortes β über α zur Zeit x.

Zu α Gewicht 5300 T = 3187,4 δ 980
Zu β Gewicht 5110 T = 2982,9 δ 960

204,5 × 970 = 198,165 m.

II) Eben dieses zur Zeit des mittlern Gewichtes und Wärme.

Zu α Gewicht 5420 T = 3312,9 δ 920
Zu β Gewicht 5213 T = 3094,7 δ 899

218,2 × 910 = 198,542 m.

welches mit vorigen bis auf $\frac{1}{1000}$ der Einheit übereinstimmt.

Die hier gegebene Auflösung ist freylich etwas zusammen gesetzt, da solche aber den Gang meiner Gedanken enthält, so habe ich dieselbe Ew. Hochgebohrnen unabgekürzt vorgetragen, und nunmehro will ich versuchen, die Auflösung geschmeidiger zu machen.

Diesemnach sey:

Die bekannte summarische mittlere Dichte des Ortes α = d die beobachtete zur Zeit x = a

Die gleichzeitige beobachtete zu β = f

Der Unterschied zwischen dem summarischen mittlern Gewichte zu α und β = y

Der Unterschied zwischen dem Gewichte der Atmosphäre zur Zeit x zwischen α und β = D.

So ist a : d = c : f also $f = \frac{dc}{a}$ Deshalb

$$(a+c):D = \left(d + \frac{cd}{a}\right) : y$$

$$(a+c):D = \cancel{d+cd+a+c}$$

$$(a+c) \quad 1:D = d : y$$

$$D \cdot \frac{d}{a} = y.$$

C

Ist nun das mittlere Gewichte für $a = B$ so ist $B \pm \dfrac{D \cdot d}{a} =$ dem mittlern des Ortes β.

In diesem Falle wäre $\dfrac{D \cdot d}{a} = \dfrac{190 \cdot 5891}{5408} = 207$ und $5420 - 207 = 5213$ welches mit vorigen vollkommen übereinstimmet.

Dieses enthält also folgende Regel zur Auflösung der von Selbigerischen Aufgabe.

Suchet zur beobachteten Dichte der Luft eines Ortes, zu der diesem Orte zugehörigen mittlern Dichte, und dem Unterschiede im Gewichte mit einem andern Orte, die 4te Proportional-Zahl, so ist solche die Größe der Veränderungs-Stale, zwischen beyden Orten, wenn an denselbigen das mittlere Gewichte und Wärme statt findet.

Dieses nun zu dem bekannten mittlern Gewichte des einen Ortes addirt oder abgezogen, nachdem der 2te Ort höher oder niedriger lieget, giebt das gesuchte mittlere Gewichte dieses 2ten Ortes.

Wenn nun für diesen Ort auch die mittlere Wärme bestimmt werden soll, so muß die mittlere Dichte erstlich gesucht werden, mit welcher wie ich vorhero gezeigt habe, das mittlere Gewichte dividirt wird, so giebt der Quotient die mittlere Wärme.

Da ich in der Folge diese Aufgabe nach einem andern Wege aufzulösen gedenke, so werde ich in der Zukunft diese, die Auflösung vermittelst der Dichte nennen.

Ich bin ꝛc.

Sieben-

Siebender Brief.

Nordhausen, den 3. Febr. 1784.

Die Sprache der Meteorologen gnädigster Herr Graf, scheint mir in Rücksicht der Ausdrücke für Schwere und Wärme, noch nicht denjenigen Grad der Vollkommenheit zu haben, welche dieselbe erhalten muß, wenn man sich anders bestimmt und deutlich auszudrücken gedenket, ich werde deshalb hier einen Versuch Ew. Hochgebohrnen vorlegen, der zur Verbesserung der Sprache der Meteorologen abzwecken soll, und vielleicht bin ich so glücklich, dero Beyfall zu erhalten.

Daß so wohl die Sprache des Schwer-als Wärme-Maaßes einer Berichtigung bedarf, wenn anders die Meteorologen einander verstehen wollen, will ich Ew. Hochgebohrnen durch ein Beyspiel zeigen. Gesetzt man fände in denen Zeitungen, daß zu Würzburg am 25. May 1781. ein ganz außerordentliches großes Gewichte der Atmosphäre beobachtet worden, indem man solches auf 5390 Sertl, befunden, nun würde in eben diesen Zeitungen angezeiget, man habe an eben dieser Tage zu Peissenberg ebenfals ein ganz außerordentliches großes Gewicht — 4885 Sctl. beobachtet, was kan sich der gewöhnliche Zeitungs-Leser dabey gedenken — Nichts — oder einen Druckfehler — was kan sich der Witterungs-Beobachter, dem die physische Lage von Peissenberg und Würzburg nicht bekannt ist, dabey gedenken? Eben so wenig — dieses gilt ebenfals von der Wärme, am 4ten September wurde zu Würzburg 1039 und zu Peissenberg 1036 Grad beobachtet, wo war es am wärmsten? — ich weiß es nicht.

Wo hatte die Atmosphäre die gröste Schwere, zu Würzburg oder Peissenberg? — ich weiß es nicht.

Mir scheinen diese beyden Fragen die wichtigsten in der ganzen Meteorologie zu seyn, denn es wird nicht möglich seyn, Vergleichungen im Gewichte, Vergleichungen in der Wärme an 2 oder mehr Orten beobachtet zu machen, wenn man nicht zu sagen weis, wo die Atmosphäre am schwersten — wo die Atmosphäre am wärmsten gewesen.

Für jetzo gnädigster Herr Graf, werde ich blos Rücksicht auf die Verbesserung der Sprache des Schwermaaßes nehmen, und in der Folge, werde ich suchen die Sprache des Wärmemaaßes zu berichtigen.

C 2

Ich

Ich habe bereits im 5ten Briefe des Universal-Gewichtes gedacht, und auch dasselbe als ein Hülfsmittel betrachtet, den Gang der Atmosphäre in Rücksicht der Schwere beurtheilen zu können, auch habe ich gezeiget, wie man für jedes beobachtete Gewicht verbunden mit dergleichzeitigen Wärme das Universal-Gewichte substituiren könne, und das Maaß der Abänderung finden kan, ja ich habe der Bequemlichkeit wegen bereits Ew. Hochgebohrnen die hierzu benöthigte Tafel zu überschicken die Ehre gehabt.

Uebersiehet man diese ganze Methode, so zeiget sich, daß vermittelst derselben, der Einfluß den die ungleiche Lage der Beobachtungs-Oerter über eine angenommene Fläche hat, wo das mittlere summarische Gewichte = 5400 und die mittlere summarische Wärme die Normal-Temperatur ist, abgesondert wird, und also die Erde als vollkommen eben und von beständig gleicher Wärme angenommen.

Wenn nun gnädigster Herr Graf, Barometer in verschiedenen Entfernungen auf einer horizontaleneu Ebene hängen, auf welcher beständig einerley Temperatur statt findet, so müssen auch, wenn die Atmosphäre überhaupt über allen und jeden Punkten dieser Ebene, sich in einem gleichförmigen Zustande befindet, alle und jede Barometer ein und eben dasselbige Gewicht der Atmosphäre anzeigen.

Wenn aber der Zustand der Atmosphäre nicht an allen Orten gleichförmig ist, so werden auch die Barometer nicht auf allen Punkten einerley Gewicht der Atmosphäre anzeigen können. Ist nun die Atmosphäre im gleichförmigen Zustande, und es tragen sich Abänderungen in derselben zu, und diese ist an allen Orten gleich, so muß auch ihr Maaß gleich seyn, ist aber dieses verschieden, so muß auch das Maaß verschieden seyn, es werden sich demnach die Abändrungen in der Atmosphäre gegen einander verhalten wie ihr Maaß.

Um nun zu versuchen gnädigster Herr Graf in wie weit das Maaß der Abändrung in der Atmosphäre an verschiedenen Orten gleich ist — um zu erfahren, ob würcklich das Universal-Gewicht zu der Absicht wozu ich solches zu gebrauchen gedencke geschickt ist, habe ich mich der Beobachtungen der Manheimer Ephemeriden des Menats Januarius 1781 bedient. Das Gewicht ist, dasjenige welches um 7 Uhr Morgens beobachtet worden und es verstehet sich von selbsten, daß solches zuförderst auf die Normaltemperatur gebracht worden. Dieses Gewicht enthält die 1ste Tafel. Die Wärme ist ebenfals diejenige so des Morgens 7 Uhr beobachtet worden, und enthält die 2te Tafel.

Wenn

Wenn nun Ew. Hochgebohrnen diese erste Tafel übersehen, so werden dieselben bemercken, daß es gar nicht möglich sey, zwischen denen in selbiger angegebenen Gewichten eine Vergleichung anstellen zu können. Man siehet wohl daß auf den 25. das kleinste Gewichte und auf den 28. das gröste gefallen ist, aber man weiß doch nicht in welchem Verhältnisse. — Kurz man ist nicht fähig, sich von dem Gange der Atmosphäre einen deutlichen und vollständigen Begrif zu machen — alles ist dunckel und scheinet verwirret.

Ehe ich mich zur 2ten Tafel wende, will ich erstlich Ew. Hochgebohrnen die dabey angenommene Vorausssetzungen anzeigen.

Die Formel nach welcher vermittelst Verbindung der 1 und 2ten Tafel die 3te entstanden, oder die Formel nach welcher aus den beobachteten Gewicht und Wärme das Universal-Gewicht berechnet, ist die, welche der 5te Brief enthält und folgende ist:

$$5400 \; \dagger \; \frac{5400 \, \delta \, D}{B} = \text{dem Universal-Gewicht.}$$

Die Werthe für B, $\frac{5400}{B}$ und mittlere summarische Wärme, enthält folgendes Täflein:

Oerter	B	$\dfrac{5400}{B}$	Mittlere S. W.
Padua	5393	1,0013	971
Peissenberg	4811	1,1223	954
Tegernsee	4964	1,0878	955
St. Andex	4979	1,0863	957
München	5095	1,0597	960
St. Zeno	5133	1,0520	962
Ingolstadt	5179	1,0426	958
Regensburg	5200	1,0384	960
Mannheim	5349	1,0105	964
Würzburg	5289	1,0210	962
Erfurt	5300	1,0184	962

E 3

Di

Die hier angegebene Wärme ist mit jener die die Tafel pag. 5 enthält nicht einerley, weil dieses die mittlere summarische und dort nur die
mittlere beobachtete ist, wie dieses gefunden wird, kann ich hier noch nicht
zeigen, sondern ich muß Ew. Hochgebohrnen bitten, so lange dieses als
richtig anzunehmen, bis ich auf diesen Gegenstand komme, und die Fin-
dung zeigen kan.

Nunmehro betrachten Ew Hochgebohrnen die zte Tafel, hier
wird es gar nicht mehr schwer seyn, sich von dem Gang der Atmosphäre einen deutlichen Begriff zu machen, ja man wird ohne die geringste Ueber-
legung, ohne die geringste Anstrengung des Geistes, durch bloße Uebersicht
den Gang übersehen können, die Uebereinstimmung und Abweichung bemerken und finden, daß Herr Toaldo auch hier seinen eigenen Weg gehet.
Am 25ten war das kleinste Gewicht beobachtet, zu S, Zeno war das Universal-Gewichte 5283 als das kleinste, und zu Würzburg 5311 als das gröste an diesem Tage beobachtete, es ist also zu Würzburg das Gewicht 28 Scpl.
schwerer gewesen als zu S. Zeno. Die Beobachtungen selbst geben für
Würzburg 5197 für S. Zeno 5015 ist es möglich hier das gesagte zu finden? Herr Toaldo beliebt 5369 zu zählen. Das gröste Gewicht am 28ten
zu S. Zeno und Manheim 5466 als das kleinste, zu München 5486 als
das gröste, Unterschied 20 Scpl. Herr Toaldo zählt wiederum für sich 5514,
die Beobachtungen selbst gaben für S. Zeno 5199 für Manheim 5419 —
Wo konnte man hieraus sehen, daß an beyden Oertern die Abweichung vom
mittlern Gewicht und Wärme gleich groß war?

Die 4te Tafel enthält das Maaß der Abändrung; und ist vermittelst der Tafel des 5ten Briefes p. 27 und der zten hierher gehörigen Tafel vorfertigt. Diese zeiget nun, wie hoch die Mariot-Amontousche Höhe der Luftsäule sey, mit welcher an jedem Tage das Quecksilber im Barometer mehr oder weniger beschwe-
ret worden, so war zum Beyspiel am 29ten zu Peissenberg die Luftsäule 75,2 m
hoch, welche an diesem Tage das Quecksilber mehr drückte als zu der Zeit,
wenn die Atmosphäre ihre mittlere Schwere und Temperatur hat. Hingegen am 25ten war der Druck um das Gewicht einer 120,6 m hohen Luftsäule kleiner, als beym mittlern Gewicht und Temperatur.

Wüßte man nun den wahren Werth für m, so ließe sich diese Mariot-
Amontonsche Höhe in Fußen angeben.

Diesemnach enthält die zte Tafel, den Stand des Schweermaaßes,
wenn alle Beobachtungs-Oerter in einer Horizontalen Ebene lägen, und
eine

einerley Temperatur, nemlich die Normaltemperatur zur mittlern summarischen Wärme hätten. —

Um nun zu übersehen ob der Gang in der Abänderung vermischt oder
einen bestimmten Gesetze folge, so habe das Universal-Gewicht für die
Oerter welche unter einerley Grade der Breite addirt, (welches allerdings
geschehen kann, indem solche als in einer Ebene liegend betrachtet werden)
und in die 5te Tafel gebracht, diese enthält also den Gang des Gewichtes
der Atmosphäre für jeden Grad der Breite nebst dem Maaße der Abändrung. — Welche herrliche Uebereinstimmung enthält nicht diese Tafel! wie
augenscheinlich siehet man nicht den Wachsthum des Gewichtes nach dem
Wachsthum der Breite — Aber Herr Toaldo — gehet — für sich — gehet — als wenn er sich verirret hätte — vermuthlich um vermittelst seiner
eingeschickten Beobachtungen an die Manheimer Akademie, uns Deutsche
irre zu führen — sonst lassen sich alle die Erscheinungen derer in Zukunft
noch einige folgen werden, nicht erklären — nicht verstehen.

Ich schließe hiermit Hochgebohrner Graf, für dieses mal und lege
verschiedenes bey, welches eines Theils zu meinem Gegenstande gehöret,
und andern Theils um in Zukunft davon sprechen zu können, und empfehle
mich dero fernern Gnade.

Tab. I.

Gang des Gewichtes der Atmosphäre im Monath Januar, 1781.

	45.°	47.°				48.°		49.°			51.°
	Vad.	Pfb.	Tgrf.	S.A.	S.Z.	Wrh.	Jgft.	Refr.	Wth.	Wsb.	Erf.
1	5432	4814	4972	4987	5146	5103	5193	5212	5359	5302	5300
2	5389	4778	4936	4954	5098	5066	5147	5168	5307	5256	5246
3	5307	4747	4866	4920	5058	5031	5118	5137	5299	5243	5243
4	5331	4780	4938	4952	5082	5066	5153	5166	5332	5275	5300
5	5383	4814	4978	4991	5138	5121	5209	5212	5379	5318	5329
6	5404	4828	4990	5007	5154	5128	5225	5240	5400	5345	5353
7	5421	4841	5007	5023	5175	5148	5240	5260	5425	5367	5376
8	5421	4826	4989	4999	5152	5127	5216	5236	5402	5344	5345
9	5416	4828	4990	5009	5158	5132	5224	5239	5412	5358	5318
10	5443	4843	5015	5030	5178	5150	5253	5273	5437	5383	5412
11	5477	4843	5011	5028	5178	5150	5249	5271	5429	5378	5403
12	5288	4829	4996	5007	5165	5129	5228	5254	5397	5354	5387
13	5461	4836	4980	5006	5146	5126	5215	5233	5388	5335	5366
14	5421	4804	4972	5000	5135	5118	5205	5231	5383	5334	5349
15	5431	4796	4972	4976	5128	5097	5190	5209	5362	5312	5324
16	5419	4800	4951	4974	5119	5092	5190	5210	5360	5309	5309
17	5421	4804	4964	4978	5131	5095	5189	5205	5354	5307	5304
18	5628	4787	4952	4964	5103	5075	5169	5183	5322	5286	5283
19	5403	4771	4926	4961	5079	5052	5138	5155	5295	5235	5232
20	5399	4821	4978	5000	5148	5121	5210	5222	5390	5332	5337
21	5423	4788	4950	4965	5122	5089	5168	5188	5316	5275	5288
22	5396	4764	4920	4934	5069	5043	5133	5152	5310	5265	5279
23	5364	4754	4913	4928	5070	5038	5131	5154	5290	5254	5267
24	5370	4751	4911	4923	5063	5037	5115	5133	5268	5229	5730
25	5360	4703	4855	4872	5015	4983	5073	5092	5232	5197	5180
26	5374	4779	4940	4953	5101	5069	5156	5175	5314	5274	5261
27	5391	4783	4938	4950	5096	5064	5151	5161	5331	5275	5254
28	5492	4877	5044	5053	5197	5172	5265	5285	5424	5375	5372
29	5513	4880	5038	5055	5199	5172	5262	5282	5419	5373	5364
30	5482	4866	5025	5043	5159	5155	5245	5264	5403	5358	5343
31	5416	4847	5006	5026	5163	5136	5222	5233	5394	5334	5315
	5408	4802	4963	4979	5121	5095	5183	5199	5351	5300	5312

Tab. II.

Tab. II.
Gang der Wärme des Monath Januar. 1781.

	45°	47°				43°		49°			51°
	Ded.	Psb.	Tgst.	S.A.	S.Z.	Mch.	Jgst.	Rsp.	Mh.	Wsb.	Erf.
1	922	933	921	925	935	928	932	935	935	937	943
2	935	930	925	928	928	932	929	920	937	935	938
3	935	917	921	925	935	931	930	937	927	932	926
4	929	905	915	916	923	919	921	928	928	928	923
5	921	896	905	910	915	927	910	918	922	934	910
6	915	885	898	910	906	923	902	905	904	901	914
7	916	891	900	908	906	919	904	910	914	902	918
8	921	882	904	912	908	919	912	917	908	910	915
9	919	897	907	913	915	919	914	917	910	923	919
10	928	903	890	918	902	924	913	918	922	912	911
11	919	898	894	910	916	924	914	915	923	917	916
12	919	922	898	910	895	919	914	910	917	913	901
13	923	905	900	908	892	919	902	909	913	912	903
14	927	904	886	900	899	915	893	901	904	900	884
15	923	915	891	900	888	912	881	891	902	918	886
16	926	934	906	905	890	905	891	893	894	891	893
17	919	930	923	916	915	909	900	902	918	908	907
18	913	935	934	931	928	932	918	923	930	918	923
19	923	942	940	930	935	926	928	928	941	932	941
20	927	913	919	925	931	938	925	925	925	916	913
21	928	916	919	920	924	928	915	911	922	918	922
22	930	933	941	940	939	934	936	925	920	911	905
23	926	933	937	934	930	932	913	913	920	910	889
24	933	938	943	946	940	950	931	928	943	935	916
25	935	906	930	935	933	941	934	933	948	938	939
26	937	908	912	918	920	926	921	921	920	981	923
27	930	923	935	938	933	939	933	937	936	933	935
28	922	915	913	916	917	919	909	910	933	921	918
29	925	943	932	932	930	931	912	916	914	921	933
30	922	940	937	930	930	928	910	911	934	921	937
31	921	929	939	939	934	940	932	935	939	918	942
	925	923	916	920	919	929	916	935	925	919	920

Tab. III.

Gang des Universal-Gewichtes Monath Januar. 1781.

	46°		47°				48°			49°		51°
	Vab.	Nb.	Tgrf.	S. A.	S. Z.	Dich.	Jast.	Resp.	Wh.	Wb.	Erf.
1	5437	54-3	5408	5407	5413	5407	5415	5412	5410	5413	5400
2	5396	5366	9372	5374	5365	9371	5369	5369	5360	5368	5350
3	5318	5332	5332	5340	5325	5336	5340	5337	5353	5356	5346
4	5341	5367	5374	5373	5349	5371	5375	5367	5384	5386	5400
5	9393	9403	9414	5414	5403	9426	5431	5412	5428	5428	5427
6	9410	9418	5426	5439	5421	5433	9446	5440	5444	5444	5451
7	5427	5432	5443	5444	5444	5453	5460	5458	5471	5465	5472
8	9427	5416	5425	5420	5419	5433	5453	5435	5459	5451	5443
9	5431	5436	5436	9430	5425	5437	5443	5439	5460	5465	5474
10	9447	9434	9453	5452	5444	9455	5473	5471	5483	5491	9506
11	9479	9433	5448	5448	5444	5455	5469	5477	5477	5485	5497
12	5395	5419	5430	5428	5432	5433	5449	5452	5445	5461	5483
13	5464	5448	5416	9421	5446	5432	5437	5430	5437	5444	5462
14	5426	9393	5408	5421	5402	5423	5427	5430	5432	5448	5446
15	5426	5384	5408	9397	5395	5402	5412	5410	5412	5423	5423
16	9425	5388	5387	9395	5386	9398	9418	9410	9410	5419	5409
17	9427	5392	5401	5399	5398	5399	5411	5405	5405	5417	5404
18	5432	9378	9388	5385	5370	5380	5381	5384	5374	5397	5384
19	5409	9356	5361	9362	5347	5357	5360	9356	5349	5358	5334
20	5406	5411	5414	5421	5411	5426	5412	5432	5440	5441	5433
21	5438	5375	9386	5386	5389	5394	5390	9383	5369	9386	9388
22	5408	5350	5355	5354	5348	9348	5343	9355	5363	5377	5380
23	5373	5337	5348	5351	9337	5343	5351	5357	5344	5366	5369
24	5378	5335	5345	5342	5330	5344	5338	5334	5322	5342	5338
25	5369	5285	5289	5290	5288	5289	5296	5294	5288	5311	5285
26	5382	5365	5376	5376	5368	5374	5378	5376	5367	5386	5363
27	5391	5373	5374	5372	5363	5369	5373	5372	5383	5385	5356
28	5494	5470	5473	5473	5464	5475	5475	5482	5471	5482	5469
29	5514	5478	5476	5477	5466	5486	5482	5479	5466	5480	5462
30	5484	5459	5462	5465	5454	5460	5465	5462	5460	5462	5442
31	5422	5440	5455	5458	5430	5453	5443	5432	5433	5445	5415
	5417	5395	5471	5404	5396	5406	5405	5497	5409	5415	5424

Tab. IV.

Tab. IV.
Nach der Wänderung der Atmosphäre Monath Januar 178r.

	45°	47°		48°		49°		51°
	Padua	Peißh.	Zegert.	S.M.	S. Zc.	Inglft.	Wehn.	Regis.	Manh.	Weib.	Erfurt
1	† 38,2	† 3,0	† 8,4	† 7,3	† 13,0	† 15,6	† 7,3	† 12,5	10,4	13,6	— 0,0
2	— 4,4	- 31,3	- 29,2	- 27,1	- 36,4	- 32,3	- 30,2	- 32,3	- 41,6	- 33,3	- 51,1
3	- 88,7	- 10,9	- 69,9	- 62,6	- 78,2	- 62,6	- 66,8	- 65,7	- 48,9	- 45,7	- 86,3
4	- 67,5	- 34,4	- 27,1	- 28,1	- 53,1	- 26,0	- 30,2	- 34,4	- 16,6	- 14,5	— 0
5	- 9,3	† 3,2	† 14,6	† 14,6	† 3,2	† 32,1	† 27,0	† 12,5	† 29,0	† 29,0	† 28,0
6	† 10,4	† 18,8	† 27,0	† 38,2	† 22,0	† 47,5	† 33,1	† 31,3	45,4	45,4	† 62,6
7	† 28,0	† 32,3	† 44,4	† 45,4	† 45,4	† 51,9	† 54,7	† 59,9	† 74,2	† 67,0	† 74,2
8	† 28,0	† 16,7	† 26,0	† 20,8	† 19,8	† 54,7	† 31,1	† 36,2	† 60,9	† 52,6	† 44,5
9	† 22,0	† 18,8	† 27,0	† 31,0	† 26,0	† 46,5	† 38,2	† 40,2	† 61,9	† 69,1	† 70,2
10	† 48,5	† 35,2	† 52,6	† 53,6	† 45,4	† 75,2	† 56,8	† 73,2	† 85,5	† 93,6	†109,0
11	† 84,4	† 34,4	† 49,6	† 49,6	† 45,4	† 71,1	† 56,8	† 79,3	† 79,3	† 87,5	†99,7
12	- 5,2	† 19,8	† 38,1	† 29,0	† 33,5	† 50,6	† 34,1	† 33,6	† 46,3	† 63,0	† 85,5
13	† 66,0	† 49,6	† 16,7	† 22,0	† 47,5	† 38,2	† 32,1	† 33,1	† 38,2	† 45,4	† 65,0
14	† 27,0	- 7,3	† 8,4	† 22,0	† 2,5	† 28,0	† 24,0	† 21,0	† 22,1	† 44,4	† 47,4
15	† 87,2	- 16,0	† 8,4	- 3,1	- 5,2	† 12,5	- 2,0	† 10,4	† 12,5	† 24,0	† 24,0
16	† 26,0	- 12,4	- 13,5	- 5,2	- 14,5	† 12,5	- 2,0	† 10,4	† 10,4	† 19,8	† 9,6
17	† 28,0	- 8,3	† 1,1	- 1,0	- 2,0	† 11,5	- 1,0	† 6,6	† 4,2	† 17,7	† 4,2
18	† 33,1	- 22,9	- 12,4	- 15,6	- 31,3	† 19,7	- 20,8	- 16,6	- 27,1	- 3,1	- 26,6
19	† 9,4	- 45,7	† 40,5	- 39,5	- 55,2	- 41,6	- 44,7	- 45,7	- 52,1	- 43,6	- 68,8
20	† 6,3	† 11,5	† 14,6	† 28,0	† 15,6	† 38,1	† 27,0	† 23,0	† 41,3	† 42,4	† 36,2
21	† 29,0	- 26,0	- 14,5	- 14,5	- 11,4	- 10,4	- 6,2	- 17,7	- 32,3	- 14,5	- 32,4
22	- 3,2	- 52,1	- 46,8	- 47,8	- 66,8	- 59,4	- 52,1	- 46,8	- 38,5	- 23,9	- 20,8
23	- 28,1	- 65,7	- 54,2	- 50,9	- 65,7	- 47,8	- 59,4	- 44,7	- 58,4	- 35,4	- 32,3
24	- 22,9	- 67,8	- 57,3	- 60,3	- 72,0	- 64,7	- 53,4	- 68,8	- 81,4	- 60,5	- 69,9
25	- 32,8	-100,6	-116,4	-115,8	-132,7	-108,9	-116,4	-112,0	-117,4	- 93,0	-118,5
26	- 48,7	- 36,4	- 25,0	- 25,0	- 33,3	- 22,9	- 27,1	- 32,9	- 34,4	- 14,5	- 30,5
27	- 9,3	- 30,2	- 27,1	- 30,2	- 38,5	- 38,1	- 32,3	- 29,2	- 12,7	- 35,6	- 45,7
28	† 96,7	† 72,1	† 73,2	† 77,3	† 66,8	† 77,5	† 78,5	† 84,5	† 73,2	† 54,5	† 71,1
29	†111,1	† 75,2	† 78,3	† 79,3	† 68,1	† 84,5	† 88,5	† 81,4	† 68,7	† 82,4	† 64,0
30	† 86,5	† 60,9	† 64,8	† 67,9	† 55,7	† 67,0	† 64,9	† 64,0	† 61,9	† 64,0	† 83,0
31	† 73,0	† 31,3	† 41,4	† 59,9	† 31,0	† 44,4	† 69,9	† 83,1	† 26,7	† 44,4	† 75,6
	† 30,7		† 4,6	† 4,3	- 37,1	- 6,3	† 7,3	† 9,4	† 15,6	† 1,5	

Tab. V.

Gang des Universal-Gewichtes.					Maaß der Abänderung.				
45°	47°	48°	49°	51°	45°	47°	48°	49°	51°
5437	5408	5411	5412	5490	† 38,2	† 8,4	† 11,5	† 12,5	— 0,0
9396	5372	5370	5366	5350	- 4,1	- 29,2	- 31,3	- 35,4	- 52,1
5318	5332	5338	5349	5346	- 85,7	- 70,9	- 64,7	- 53,1	- 56,3
5341	5366	5373	5386	5400	- 61,5	- 35,4	- 28,1	- 14,5	- 0,0
5391	5407	5429	5423	5427	- 9,3	† 7,3	† 30,0	† 26,0	† 28,0
5410	5426	5439	5443	5451	† 10,4	† 27,0	† 40,3	† 44,4	† 52,6
5427	5440	5452	5456	5472	† 28,0	† 41,3	† 54,7	† 57,8	† 74,2
5427	5410	5442	5448	5443	† 28,0	† 20,8	† 43,4	† 49,6	† 44,5
5421	5425	5441	5455	5474	† 22,0	† 26,0	† 42,4	† 56,8	† 70,2
5447	5445	5464	5485	5506	† 48,5	† 46,5	† 66,0	† 87,5	† 109,0
5479	5443	5462	5480	5497	† 81,4	† 44,4	† 64,0	† 82,4	† 99,7
5395	5478	5441	5454	5483	- 5,2	† 29,0	† 42,4	† 86,5	† 85,5
5464	5433	5434	5438	5463	† 66,0	† 34,1	† 35,2	† 39,3	† 65,0
5426	5406	5425	5435	5446	† 27,0	† 6,3	† 26,0	† 36,2	† 47,5
5436	5396	5407	5415	5423	† 37,2	- 4,1	† 7,3	† 15,6	† 24,0
5425	5389	5405	5413	5409	† 26,0	- 11,4	† 5,2	† 13,6	† 9,4
5427	5398	5405	5409	5404	† 28,2	- 2,0	† 5,2	† 9,4	† 4,2
5432	5380	5380	5385	5384	† 33,1	- 20,8	† 20,8	- 15,6	- 16,6
5409	5355	5359	5354	5334	† 9,4	- 46,8	† 42,6	- 47,8	- 68,8
5406	5415	5429	5434	5435	† 6,3	† 15,6	† 30,6	† 36,2	† 36,2
5428	5384	5392	5379	5388	† 29,0	- 16,6	- 8,3	- 21,8	- 32,4
5403	5351	5346	5365	5380	† 3,2	- 50,9	- 56,3	- 36,4	- 20,8
5373	5343	5349	5352	5369	- 28,1	- 59,4	- 53,1	- 49,9	- 32,3
5378	5338	5341	5333	5333	- 22,9	- 64,7	- 61,5	- 69,9	- 69,9
5369	5287	5292	5298	5287	- 32,3	- 113,5	- 105,7	- 116,4	- 118,5
5382	5371	5376	5376	5103	- 18,7	- 30,2	- 25,0	- 25,0	- 38,5
5391	5372	5371	5380	5356	- 9,3	- 29,2	- 30,2	- 20,8	- 45,7
5494	5470	5476	5478	5469	† 96,7	† 72,1	† 78,5	† 80,4	† 71,1
5514	5474	5484	5475	5462	† 117,1	† 76,2	† 86,5	† 77,3	† 64,0
5484	5460	5462	5461	5442	† 86,5	† 61,9	† 64,0	† 63,0	† 43,4
5432	5443	5451	5436	5415	† 23,0	† 44,4	† 52,6	† 37,2	† 15,6
5417	5399	5406	5410	5413	† 17,7	- 0,0	† 6,3	† 10,4	† 13,6

II. Erd.

II. Erdnähe und Erdferne

Tafel, welche für die von Secunde zu Secunde angegebene Parallaxe des Mondes, die Entfernung desselben anzeiget.

In denen Calendern wird bloß der Tag bemerket, an welchem sich der Mond in der Erdnähe und Erdferne befindet. Dieser Tag wird von denen Meteorologen in die Mitte gesetzet, 1 oder 2 Tage vor und nach ihm werden dazu genommen, und diese 3 oder 5 Tage bekommen alsdann den Nahmen Erdferne oder Erdnähe. Mir schien diese Methode nicht die beste, sondern ich wünschte auf jeden Tag den Abstand des Mondes von der Erde in Meilen zu wissen, und da ich in denen Astronomischen Ephemeriden des Herrn Bode diesen Abstand nicht fand, so bat ich denselben, mir die Formel mitzutheilen, vermittelst welcher man aus der in denen Ephemeriden auf jeden Tag angegebene Parallaxe diesen Abstand berechnen könne, Herr Bode hat es die Gütigkeit mir solche mitzutheilen, wonach ich alsdann nachfolgende Tafel berechnete, von deren Gebrauch ich nicht nöthig habe, einiges zu erinnern, sondern bemerke nur, daß es hinlänglich seyn wird, wenn man den Abstand des ☾ von der Erde in denen meteorologischen Tafeln von 1000 zu 1100 Meilen angiebet. Hierdurch erhält man 8 verschiedene Abtheilungen zwischen der größten und kleinsten Entfernung.

Parall. M. S.		Abstnd. Meilen	Parall. M. S.		Abstnd. Meilen	Parall. M. S.		Abstnd. Meilen	Parall. M. S.		Abstnd. Meilen
54	00	54719	54	15	54467	54	30	54218	54	45	53970
	01	54702		16	54450		31	54202		46	53953
	02	54685		17	54434		32	54186		47	53937
	03	54668		18	54417		33	54169		48	53920
	04	54651		19	54400		34	54153		49	53904
54	05	54635	54	20	54384	54	35	54136	54	50	53888
	06	54618		21	54367		36	54120		51	53871
	07	54601		22	54350		37	54103		52	53855
	08	54584		23	54334		38	54087		53	53839
	09	54567		24	54317		39	54070		54	53822
54	10	54551	54	25	54301	54	40	54053	54	55	53806
	11	54534		26	54284		41	54035		56	53790
	12	54517		27	54267		42	54019		57	53773
	13	54500		28	54215		43	54002		58	53757
	14	54484		29	54234		44	53986		59	53741

| Parall. | Abstnd. | Parall. | Abstnd. | Parall. | Abstnd. | Parall. | Abstnd. |
M. S.	Meilen	M. S.	Meilen	M. S.	Meilen	M. S.	Meilen
55 00	53725	55 35	53161	56 10	52610	56 45	52068
01	53709	36	53145	11	52594	46	52053
02	53692	37	53129	12	52578	47	52037
03	53676	38	53113	13	52563	48	52022
04	53660	39	53097	14	52546	49	52007
55 05	53644	55 40	53082	56 15	52531	56 50	51992
06	53627	41	53066	16	52515	51	51976
07	53611	42	53050	17	52499	52	51961
08	53595	43	53034	18	52484	53	51946
09	53579	44	53018	19	52468	54	51931
55 10	53563	55 45	53002	56 20	52453	56 55	51916
11	53547	46	52986	21	52437	56	51900
12	53531	47	52970	22	52422	57	51885
13	53515	48	52954	23	52406	58	51870
14	53499	49	52938	24	52391	59	51855
55 15	53483	55 50	52923	56 25	52376	57 00	51840
16	53467	51	52907	26	52360	01	51824
17	53451	52	52891	27	52345	02	51809
18	53434	53	52875	28	52329	03	51794
19	53418	54	52860	29	52314	04	51779
55 20	53402	55 55	52844	56 30	52299	57 05	51764
21	53385	56	52828	31	52283	06	51749
22	53369	57	52813	32	52268	07	51734
23	53353	58	52797	33	52252	08	51719
24	53337	59	52781	34	52237	09	51704
55 25	53321	56 00	52766	56 35	52222	57 10	51689
26	53305	01	52750	36	52206	11	51674
27	53289	02	52734	37	52191	12	51659
28	53273	03	52719	38	52175	13	51644
29	53257	04	52703	39	52160	14	51629
55 30	53241	56 05	52688	56 40	52145	57 15	51614
31	53225	06	52672	41	52129	16	51599
32	53209	07	52656	42	52114	17	51584
33	53193	08	52641	43	52099	18	51569
34	53177	09	52625	44	52083	19	51554

Parall.		Entf.	Parall.		Entf.	Parall.		Entf.	Parall.		Entf.
M.	S.	Meilen	M.	S.	Meilen	M.	S.	Meilen	M.	S.	Meilen
57	20	51539	57	55	51019	58	30	50511	59	05	50001
	21	51524		56	51004		31	50499		06	49998
	22	51509		57	50990		32	50482		07	49984
	23	51494		58	50975		33	50467		08	49970
	24	51479		59	50960		34	50453		09	49956
57	25	51464	58	00	50946	58	35	50439	59	10	49942
	26	51449		01	50931		36	50424		11	49928
	27	51434		02	50916		37	50410		12	49914
	28	51419		03	50902		38	50395		13	49900
	29	51404		04	50887		39	50381		14	49886
57	30	51390	58	05	50873	58	40	50367	59	15	49872
	31	51375		06	50858		41	50352		16	49858
	32	51360		07	50843		42	50338		17	49844
	33	51345		08	50829		43	50324		18	49830
	34	51330		09	50814		44	50310		19	49816
57	35	51315	58	10	50800	58	45	50296	59	20	49802
	36	51300		11	50786		46	50281		21	49788
	37	51285		12	50772		47	50267		22	49774
	38	51270		13	50757		48	50253		23	49760
	39	51255		14	50743		49	50239		24	49746
57	40	51241	58	15	50728	58	50	50225	59	25	49732
	41	51226		16	50713		51	50210		26	49718
	42	51211		17	50698		52	50196		27	49704
	43	51196		18	50684		53	50182		28	49690
	44	51181		19	50669		54	50168		29	49676
57	45	51167	58	20	50655	58	55	50154	59	30	49662
	46	51152		21	50640		56	50139		31	49648
	47	51137		22	50626		57	50125		32	49634
	48	51122		23	50611		58	50111		33	49620
	49	51107		24	50597		59	50097		34	49606
57	50	51093	58	25	50583	59	00	50083	59	35	49592
	51	51078		26	50568		01	50068		36	49578
	52	51063		27	50554		02	50054		37	49564
	53	51048		28	50539		03	50040		38	49550
	54	51034		29	50525		04	50026		39	49536

Parall.		Entf.	Parall.		Entf.	Parall.		Entf.	Parall.		Entf.
M.	S.	Meilen	M.	S.	Meilen	M.	S.	Meilen	M.	S.	Meilen
59	40	49523	60	15	49044	60	50	48574	61	25	48115
	41	49509		16	49031		51	48561		26	48099
	42	49495		17	49017		52	48547		27	48086
	43	49481		18	49004		53	48534		28	48073
	44	49467		19	49990		54	48520		29	48060
59	45	49454	60	20	48977	60	55	48507	61	30	48047
	46	49440		21	48963		56	48494		31	48035
	47	49426		22	48950		57	48480		32	48022
	48	49412		23	48636		58	48467		33	48009
	49	49398		24	48923		59	48454		34	47996
59	50	49385	60	25	48909	61	00	48441	61	35	47983
	51	49371		26	48996		01	48427		36	47970
	52	49357		27	48882		02	48414		37	47957
	53	49343		28	48869		03	48401		38	47944
	54	49330		29	48855		04	48388		39	47931
59	55	49316	60	30	48842	61	05	48375	61	40	47918
	56	49302		31	48828		06	48361		41	47906
	57	49289		32	48815		07	48348		42	47893
	58	49275		33	48801		08	48335		43	47880
	59	49261		34	48788		09	48322		44	47867
60	00	49248	60	35	48774	61	10	48309	61	45	47854
	01	49234		36	48761		11	48295		46	47841
	02	49220		37	48747		12	48282		47	47828
	03	49207		38	48734		13	48269		48	47815
	04	49193		39	48720		14	48256		49	47802
60	05	49180	60	40	48707	61	15	48243	61	50	47789
	06	49166		41	48693		16	48230		51	47777
	07	49152		42	48680		17	48217		52	47764
	08	49139		43	48667		18	48204		53	47751
	09	49125		44	48653		19	48191		54	47738
60	10	49112	60	45	48640	61	20	48178	61	55	47725
	11	49098		46	48627		21	48164		56	47712
	12	49085		47	48613		22	48151		57	47699
	13	49071		48	48600		23	48138		58	47686
	14	49058		49	48587		24	48125		59	47673
									62	00	47660

III. Von

Bezeichnung des Windes und der Witterung

in denen

meteorologischen Tafeln.

Bey Beobachtung des Windes hat man 1) auf deſſen Richtung, 2) auf deſſen Stärke zu ſehen. Es iſt genug, wenn man die Richtung nach denen 4 Haupt- und 4 Nebenwinden anzeiget. Die Stärke wird folgender Maaßen beſtimmt:

Gänzliche Windſtille, wenn auch die Blätter der Bäume ſich nicht bewegen (o) z. E. M. o.

Schwacher Wind, wobey die Richtung des Rauches verändert wird, und Blätter und ſchwache Zweige ſich bewegen. Z. E. (1) Sw. 1.

Starker Wind, wobey Geräuſch in der Luft, inſonderheit um die Kamine verſpüret wird. (2) Z. E. O. 2.

Sturm, wobey das Rauſchen in der Luft heftig iſt, und ſtarke Zweige und kleine Bäume beweget werden. (3) Z. E. N. 3.

Orkan, ein ſehr hoher Grad des Sturmes, wobey auch Bäume zuweilen entwurzelt werden.

Die Art der Witterung wird folgendermaßen bemerket:

Der Himmel iſt klar oder trübe.

Trübe heißt der Himmel, wenn er ganz mit Wolken bedeckt iſt; Iſt dieſes nicht, ſo heißt er klar. Es laſſen ſich 4 Grade von klaren und trüben angeben.

Klar 4. Iſt der Anblick des Himmels, wenn auch nicht die kleinſte Wolke zu ſehen iſt. (k. 4.)

Klar

Klar 3. Wenn mehr blaues als wölkigtes zu sehen ist. (k. 3.)

Klar 2. Wenn so viele Wolken als blaue Flecken am Himmel zu sehen sind. (k. 2.)

Klar 1. Wenn man nur einzelne blaue Flecken am Himmel wahrnimmt. (k. 1.)

Trübe 1. Wenn zwar der ganze Himmel mit dünnen weißen Wolken, wie mit einem Schleyer überzogen ist, dennoch aber der Ort der Sonne durch die Wolken noch deutlich zu sehen ist. (t. 1.)

Trübe 2. Wenn schon schwarzgraue und weiße Wolken unter einander vermischt sind, und der Ort der Sonne nur blickweise zu bemerken ist. (t. 2.)

Trübe 3. Einförmige schwarzgraue dickere Wolken, wobey der Ort der Sonne gar nicht zu erkennen, und das Tageslicht schwach ist. (t. 3.)

Trübe 4. Durchaus einförmige schwarze Wolkendecke, wobey das Tageslicht sehr schwach ist. (t. 4.)

Meteore. Regen wird mit R. angezeiget, und zwar

r. Staub-Regen.

P. R. Platz-Regen.

Rn. Regen des Nachts.

Schnee Schn.

Schnee und Regen Schn. R.

Schneegestöber (Sch.)

Donnerwetter ♂

Wetterleuchten ↔

Nebel Nb. Nb. • ... Nb. 4. nach Erfordern seiner Stärke.

Nordlicht AB.

Erdbeben (T)

Neben Sonnen und Monde ⊙—⊙ und)—(.

Höfe um Sonne und Mond ((ℂ) (⊙)

Regenbogen Rb.

Morgenroth Mgr.

Abendroth Abr.

Schloßen Schlß.

Reif Rf.

Nasser Niederschlag ⊽

Thau-Wetter ≈

Dieser Benennung und Zeichen werde ich mich in Zukunft bedienen, indem auch solche bereits von vielen Meteorologen gebraucht werden.

Bey der Bezeichnung der Witterung eines Tages ist annoch zu merken, wenn z. E. der Wind den ganzen Tag nach einerley Richtung gewehet, so ist bloß die Richtung angezeiget, als Nw. — Wenn aber mehrere Winde gewehet haben, so wird derjenige, der bey denen mehrsten Beobachtungen geherrschet hat, mit einem † bezeichnet, als Nw † kan man aber nicht sagen, welcher Wind dem Tag über herrschend gewesen, so stehet W † †

In Rücksicht das Ansehn des Himmels heißt

K wenn der Himmel den ganzen Tag klar gewesen,

K † mehr klar als trübe,

t † mehr trübe als klar,

t den ganzen Tag trübe.

Meteoro-

IV. Meteorologische Beobachtungen zu Stargordt von Herrn Graf von Borcke

☉		☽			Mitt	☉ Aufgang					9 Uhr				
Tag	Tg.	länge	Abst.	Ph.	Tag	Gew.	Wm.	Wd.	Hl.	Met.	Gew.	Wm.	Wd.	Hl	Met.
1	10	♈	53		252	5372	985	Sw 1	t 2		5370	993	W 1	t 2	
2	11	♈	53	☾	252	5366	978	S 1	f 1		5358	999	Nw 1	f 1	
3	12	♈	54		252	5336	978	Sw 1	f 1		5324	996	W 1	f 2	R.
4	13	♉	54		252	5356	967	W 2	R 3		5358	990	W 2	f 2	
5	14	♉	55		252	5364	969	Sw 1	R 1		5368	993	Sw 2	f 2	
6	15	♊	54		255	5384	960	Nw 1	f 2		5388	988	Nw 1	f 2	
7	16	♊	54		255	5382	969	O 1	f 1		5382	992	O 1	R 3	
8	17	♊	53		255	5364	972	No 1	t 2	R.	5360	991	No 1	t 1	
9	18	♋	53		255	5350	978	O 1	f 1		5348	1005	O 2	f 1	
10	19	♋	53	☉	255	5340	981	No 1	t 1		5336	990	O 1	t 1	
11	20	♌	52	7.	266	5330	982	Nw 1	t 2		5336	986	Nw 2	t 2	R.
12	21	♌	52		266	5374	967	W 1	R 3		5384	996	W 1	R 4	
13	22	♍	51		269	5394	989	So 1	R 3		5392	1016	Sw 1	R 3	
14	23	♍	51		269	5402	986	No 1	R 3		5400	992	W 1	R 3	
15	24	♍	50		269	5382	1001	Sw 1	t 2		5384	1010	Sw 1	t 1	R.
16	25	♎	50		281	5384	982	Nw 1	t 1		5384	996	Nw 1	f 1	
17	26	♎	49	☽	280	5350	972	Nw 1	f 1		5353	990	Nw 2	f 1	
18	27	♏	49		280	5360	974	Nw 1	f 2		5358	993	Nw 1	f 2	
19	28	♏	49		283	5390	974	Nw 1	f 1		5390	989	Nw 2	f 2	
20	29	♐	49		283	5402	970	Nw 1	f 1		5410	986	Nw 1	f 1	
21	30	♐	49		283	5426	981	W 1	t 1		5428	989	W 1	f 2	
22	31	♑	49		283	5422	981	Nw 1	R 3		5414	989	Nw 1	f 2	
23	♌	♑	49		295	5404	982	Rw 1	R 4		5408	1002	Nw 1	f 4	
24	1	♒	50	☉	296	5422	970	O 1	R 3		5420	1004	So 1	f 4	
25	2	♒	50		296	5408	982	S 1	R 3		5408	996	S 2	f 3	
26	3	♓	51		296	5398	986	O 1	R 9		5390	1034	O 1	f 1	
27	4	♓	51		296	5372	1000	W 1	R 3		5382	1012	Nw 1	R 3	
28	5	♓	52		308	5376	992	So 1	t 1		5378	994	Sw 1	t 1	
29	6	♈	53		312	5346	989	So 1	f 1		5340	1000	So 1	t 2	
30	7	♈	53		312	5310	990	S 2	t 2		5326	988	W 3	t 1	R.
31	8	♉	54		312	5342	980	Sw 2	t 1	R.	5342	985	Sw 1	t 2	
						5374	979	1,13			5375	996	1,29		

unter dem 53 ° 30 MD. der Breite im Monath Julius 1781.

12 Uhr					3 Uhr					⊙ Untergang				
Gew.	Wm.	Wd.	Hl.	Met.	Gew.	Wm.	Wd.	Hl.	Met.	Gew.	Wm.	Wd.	Hl.	Met.
5370	1002	Sw 1	K 1		5368	1003	Nw 1	f 2		5368	990	Sw 1	f 1	
5352	990	Nw 1	K 1		5350	999	Nwo	f 1		5346	991	Sw 1	K 3	
5320	986	W 1	K 1		5330	988	W 2	K 3		5348	978	W 2	K 2	
5362	987	W 1	K 1		5362	998	W 2	f 1	R.	5362	977	Swo	f 2	
5368	997	W 1	K 2		5372	985	Nw 1	f 1	R.	5374	978	Nwo	K 3	
5392	991	N 1	K 3		5365	993	Nw 1	f 2		5388	976	No 1	f 2	
5378	1001	N 1	K 2		5374	997	No 2	f 2		5374	980	No 0	K 3	
5358	1002	No 1	K 2		5358	1006	No 2	f 1		5350	993	No 1	f 1	
5346	1011	O 2	K 1		5342	1009	So 1	f 1		5346	995	So 2	f 1	
5334	994	O 1	f 1		5332	997	Nw 1	f 1		5335	991	Nw 1	f 1	
5346	986	Nw 2	f 2	R.	5354	991	Nw 2	f 2		5370	982	Nw 1	K 3	
5388	1002	W 1	K 3		5386	1004	Sw 1	f 2		5386	998	S 1	K 4	
5388	1020	Sw 1	K 2		5392	1016	N 1	K 3		5396	1000	Sw 1	K 3	
5398	1010	N 1	K 3		5396	1016	Sw 1	K 3		5392	1008	Sw 1	K 3	
5384	1016	Sw 2	K 2	R.	5384	1016	Nw 1	K 3		5382	1002	Nw 1	f 1	
5384	1002	Nw 1	K 3		5380	1005	Nw 1	K 3		5372	990	Nw 1	f 2	
5350	998	Nw 2	K 2		5352	1000	Nw 2	f 1		5354	989	Nw 1	K 3	
5382	995	Nw 1	K 1		5382	989	Nw 1	f 1		5382	978	Nw 1	f 1	
5392	988	Nw 1	f 1		5394	986	Nw 1	f 1		5396	982	Nw 1	f 1	
5416	993	Nw 1	f 1		5420	990	Nw 1	f 1		5322	986	W 1	f 1	
5430	989	Nw 1	K 1		5430	998	Nw 2	f 2		5426	985	Nw 1	K 3	
5410	1004	Nw 1	K 3		5408	1002	Nw 1	f 1		5406	982	N 1	f 2	
5408	1074	Nw 1	K 4		5408	1016	N 1	K 3		5410	1004	Nw 1	K 3	
5420	1012	So 1	K 4		5408	1012	So 1	K 3		5406	1000	S 1	K 3	
5406	1024	Sw 1	K 1		5404	1032	W 1	f 2		5402	1008	N 1	K 4	
5380	1035	S 1	f 2		5372	1040	Sw 2	f 2		5458	1024	Swo	K 3	
5386	1024	Nw 1	K 3		5388	1020	N 1	f 2		5376	1007	O 1	f 1	
5372	1002	Sw 1	f 1		5366	1014	Sw 1	f 2	R.	5364	996	Sw 1	f 1	R.
5338	1008	S 1	f 1		5330	1013	O 1	f 1	R. ♂	5326	992	W 1	f 1	
5330	992	Nw 2	f 1		5336	991	W 1	f 2		5340	988	Sw 1	f 1	
5344	991	Sw 1	f 1		5346	987	Sw 1	f 1		5348	987	W 1	f 1	
5374	1002	1,16			5374	1003	1,26			5374	991	0,93		

S 3

Meteorologische Beobachtungen zu Stargardt

☉		☽			Met.	☉ Aufgang					9 Uhr				
Tag	Zg.	Länge	Abst.	Ph.	Tag	Gew.	Wm.	Wd.	Hl.	Met.	Gew.	Wm.	Wd.	Hl.	Met.
1	9	♉	54	☾	303	5350	970	Nw 1	K 3		5352	989	Nw 1	K 3	
2	10	♊	54		315	5350	979	W 1	K 3	N ♂	5350	1003	Sw 4	K 1	
3	11	♊	54		315	5336	978	S 1	K 1		5336	990	W 1	K 1	
4	12	♊	53		315	5344	974	S 1	K 4		5354	996	W 1	K 2	N.
5	13	♋	53		318	5342	983	S 2	t 1		5334	997	Sw 3	t 1	
6	14	♋	53		318	5358	975	Sw 2	K 2		5364	984	Sw 2	K 2	
7	15	♌	52		329	5360	969	So 1	K 3		5360	1001	So 1	K 3	
8	16	♌	51		329	5286	998	So 3	K 1		5300	987	So 2	t 2	
9	17	♌	51	●	329	5304	970	S 2	K 3		5296	986	Sw 1	t 1	N.
10	18	♍	50	8	329	5308	975	Sw 2	K 2		5314	989	Sw 2	K 2	N.
11	19	♍	50		329	5336	981	W 1	t 2		5334	991	W 1	t 1	
12	20	♎	50		344	5314	978	Nw 1	t 2		5326	982	Nw 1	t 2	
13	21	♎	50		344	5320	972	Sw 1	K 1	N.	5312	983	S 1	t 1	
14	22	♏	49		343	5292	974	W 1	t 2		5312	986	Nw 2	K 1	
15	23	♏	49		343	5266	984	Sw 2	K 1		5284	993	S 2	K 1	
16	24	♐	49	☽	343	5348	979	Nw 1	K 1		5360	990	W 1	K 2	
17	25	♐	49		355	5348	980	Nw 1	K 3		5362	993	S 2	K 3	
18	26	♑	49		358	5338	981	Sw 2	K 1		5334	993	Sw 2	K 1	N.
19	27	♑	50		359	5320	970	Sw 2	t 1		5336	982	W 2	K 1	
20	28	♒	50		359	5346	963	Nw 3	K 3		5354	982	Nw 2	K 2	
21	29	♒	50		359	5376	974	W 2	K 1		5386	990	W 1	K 1	
22	30	♒	51		359	5392	970	So 1	K 3		5392	997	S 1	K 3	
23	♍	♓	51	○	371	5348	990	Nw 1	t 1	Nn.	5352	994	W 1	t 3	
24	1	♓	52		371	5364	974	Sw 2	K 3		5370	990	Nw 2	K 2	
25	2	♈	52		362	5386	967	S 1	K 3		5380	991	S 2	K 4	
26	3	♈	53		363	5376	981	Nw 0	t 3		5388	990	Nw 1	K 3	
27	4	♉	53		363	5382	978	Sw 1	K 1		5378	990	Sw 2	t 2	
28	5	♉	54		375	5338	974	Sw 2	K 3		5322	987	Sw 2	t 1	
29	6	♉	54		375	5328	965	Sw 2	K 2		5340	977	Nw 2	K 2	
30	7	♊	54	☾	375	5346	967	W 1	K 2		5352	980	Sw 1	K 1	
31	8	♊	54		375	5374	962	Sw 1	K 3		5384	978	Nw 1	K 1	
						5341	975	1,45			5346	988	1,51		

im Monath August 1782.

	12 Uhr					3 Uhr					⊙ Untergang			
Gew.	Wm.	Wd.	HL	Met.	Gew.	Wm.	Wd.	HL	Met.	Gew.	Wm.	Wd.	HL	Met.
5350	1001	W 1	K 1		5346	1005	Sw 1	t 2		5348	987	S 1	K 3	
5348	1008	Sw 1	t 2		5340	1010	Sw 1	t 1		5342	995	Sw 1	K 3	
5334	991	Nw 1	K 1		5330	999	S 1	t 1		5332	986	N 1	K 1	K d
5354	1004	W r	K 2		5358	1005	W 1	t 2	N.	5358	993	Sw 1	K 3	
5336	1003	Sw 1	K 2		5336	1001	W 2	t 2		5348	983	Sw 2	K 2	
5370	999	W 1	K 2		5368	1001	W 1	t 2		5362	989	Sw 1	K 3	
5350	1012	S 3	K 2		5336	1016	S 3	t 2		5321	1007	S 1	t 1	
5310	986	S r	t 1	N.	5314	988	S 1	t 1		5318	982	S 1	K 1	
5296	992	Sw 1	K 1	N.	5294	992	Sw 1	t 1		5298	982	S 1	K 2	N.
5320	997	Sw 2	K 1		5328	998	Sw 2	t 2		5330	988	Sw 1	t 2	N.
5334	994	Nw r	K 1		5336	996	Nw 1	t 2		5336	988	Nw 1	t 1	Nn.
5330	982	Nw r	K 1		5330	991	Nw 1	t 1		5336	981	W 1	K 1	
5292	987	S r	t 2	N.	5278	979	Sw 3	t 1		5274	982	Sw 3	t 2	N.
5318	991	Sw 1	K 1		5316	994	Sw 1	t 1		5298	985	S 3	t 2	N.
5291	991	S 3	K 1		5308	994	W 3	t 1		5324	985	Nw 2	t 2	
5338	999	W r	K 2		5356	1004	Sw 1	t 2		5346	992	S 1	K 3	d
5358	999	Sw 1	K 3	N.	5354	1001	Sw 2	t 1		5354	986	Sw 1	K 2	
5328	997	Sw 2	t 3	N.	5316	995	Sw 1	t 3	N.	5302	988	Sw 3	K 1	Nn.
5340	987	W 1	K 1		5340	987	W 1	t 1		5344	974	W 1	K 1	
5358	987	Nw 1	K 1		5362	988	W 2	t 1		5366	983	W 1	K 1	
5386	994	W 1	K 3		5386	1002	Nw 1	t 3		5386	995	N 1	K 2	
5384	1009	S 1	K 3		5378	1002	S 1	t 1		5366	997	Sw 1	K 3	
5346	1001	S 1	t 2		5338	1002	S 1	t 1		5342	991	Sw 1	t 1	
5378	995	Nw 2	K 1		5380	996	Nw 2	t 2		5386	989	W 1	K 1	d n.
5372	1005	Sw 2	K 4		5362	1010	Sw 2	t 4		5360	1001	Nw 1	K 2	
5394	993	Nw 1	t 2		5392	997	Nw 1	t 2		5390	990	Sw 1	K 3	
5370	999	Sw 3	t 1		5360	997	Sw 2	t 1		5348	990	Sw 3	K 1	
5308	996	Sw 3	t 2		5394	1000	Sw 3	t 2		5284	984	Sw 3	t 3	N.
5340	982	Nw 2	t 2		5344	980	W 1	t 1	N.	5344	978	Nw 1	K 2	
5356	987	Sw 1	t 2		5360	992	Nw 1	t 2		5364	580	Nw 1	K 2	
5386	986	Nw 1	t 1		5388	990	Nw 2	t 2		5394	974	Nw 1	K 3	
5345	995	1,51		...	5342	997	1,51			5342	987	1,38		

Meteorologische Beobachtungen zu Stargordt

☉		☾			Mtl	☉ Aufgang					9 Uhr				
Tag	Jg.	länge	Abst.	Ph.	Tag	Gew.	Wm.	Wd.	Hl.	Met.	Gw.	Wm.	Wd.	Hl.	Met.
1	9	♋	53		384	5402	967	So 1	R 3		5410	987	No 2	R 2	
2	10	♋	53		396	5404	970	W 2	f 1		5406	923	No 1	t 2	
3	11	♋	52		395	5422	950	No 1	R 3	Nb.	5426	978	No 2	R 3	
4	12	♌	52		386	5426	963	No 1	t 2	Nb.	5426	978	N 1	f 2	Nb.
5	13	♌	51		386	5432	955	No 1	R 3	Nb.	5440	978	N 1	R 3	
6	14	♍	50		386	5440	951	N 1	R 3	Nb.	5446	987	No 1	R 4	
7	15	♍	50	☉	398	5448	960	No 1	R 4	·	5458	981	N 2	R 4	
8	16	♎	49	9	387	5458	959	N 1	R 4		5466	982	No 1	R 4	
9	17	♎	49		397	5462	955	No 1	R 4		5462	978	N 1	R 3	
10	18	♏	49		400	5460	960	No 1	R 4		5462	980	No 1	R 3	
11	19	♏	49		400	5434	961	So 1	R 4		5434	978	So 2	R 3	
12	20	♐	49		412	5394	963	O 1	R 3		5392	980	O 1	R 3	
13	21	♐	49	☽	412	5378	969	No 1	f 2		5389	984	No 1	f 2	
14	22	♐	49		412	5378	955	Nw 1	t 2		5380	975	O 1	R 3	
15	23	♑	50		413	5358	955	So 2	f 2		5348	978	So 2	R 3	·
16	24	♑	50		418	314	969	Nw 1	f 2		5320	976	So 1	R 3	
17	25	♒	51		428	5298	986	So 2	t 2		5308	990	So 3	R 3	
18	26	♒	51		428	5336	972	S 1	f 3		5334	990	S 1	R 3	
19	27	♓	51		428	5292	956	S 1	t 1		5392	984	So 2	R 3	
20	28	♓	52		428	5318	966	Nw 3	f 1		5342	970	Nw 3	f 1	
21	29	♈	52	☉	428	5344	963	So 3	t 1		5342	972	So 3	t 1	A.
22	30	♈	53		429	5352	965	S 1	f 2		5364	974	S 1	R 3	
23	1	♈	53		441	5354	970	No 2	R 3		5354	982	No 2	R 3	
24	1	♉	54		441	5328	974	So 1	t 2	A.	5328	980	So 1	t 2	t.
25	2	♉	54		441	5386	970	W 1	t 3	A.	5402	974	W 1	t 3	
26	3	♊	54		444	5400	972	W 1	t 3		5406	979	W 1	t 3	
27	4	♊	54		444	5394	980	S 1	f 2	·	5390	990	S 1	R 2	
28	5	♊	54		456	5380	976	W 2	f 2		5392	979	So 2	R 3	
29	6	♋	53		456	5414	955	So 1	f 2		5418	972	So 2	R 3	
30	7	♋	53	☾	456	5360	965	So 1	f 2		5328	973	O 2	t 3	
						5385	965	1,30			5388	979	1,53		

im Monath September 1782.

12 Uhr

Gew.	Wm.	Wb.	Hi	Met.
5408	990	Nw 3	f 1	
5410	980	N 1	t 2	
5424	987	N 2	t f 2	
5426	988	W 1	f 2	
5444	987	N 1	K 3	
5446	988	No 1	K 3	
5450	988	O 1	f 2	
5466	990	No 1	K 3	
5460	991	No 1	f 2	
5456	990	No 2	K 3	
5424	993	So 1	K 3	
5386	991	N 1	f 2	
5382	987	No 1	f 2	
5378	986	Nw 1	K 3	
5336	984	Sw 2	f 2	
5320	990	S 1	f 1	
5320	998	Sw 3	f 2	
5324	1008	Sw 2	f 1	
5286	995	Sw 3	K 3	
5350	980	Nw 3	f 1	
5338	980	Sw 3	f 1	
5364	985	W 1	f 2	
5340	994	So 3	f 1	
5334	982	Sw 1	t 2	R.
5406	984	W 1	T 3	
5406	991	Nw 1	f 2	
5380	1005	So 2	f 1	
5400	988	W 2	f 2	
5408	986	Sw 2	f 2	
5314	987	Sw 4	f 1	
5386	989	1,73		

3 Uhr

Gew.	Wm.	Wb.	Hi	Met.
5406	983	Sw 2	f 1	
5410	983	N 1	f 1	
5422	988	N 1	K 3	
5424	990	N 1	K 3	
5438	991	N 2	K 3	
5440	991	No 1	K 3	
5444	991	No 1	f 2	
5460	993	No 0	K 3	
5456	994	No 2	K 4	
5450	999	No 2	f 1	
5412	999	O 1	K 3	
5382	998	N 1	K 3	
5382	983	N 1	K 3	
5372	986	Nw 1	f 1	
5330	997	Sw 2	f 2	
5314	990	Sw 1	f 1	
5322	999	W 3	f 2	
5312	1012	Sw 1	t 1	♂ R.
5280	997	Sw 3	K 3	
5360	980	Nw 1	f 1	
5340	986	Sw 2	t 1	R.
5366	986	Nw 1	f 2	
5326	991	S 2	t 2	
5342	984	Sw 1	f 1	
5406	982	Nw 1	f 1	
5404	993	W 1	K 3	
5368	1002	Sw 1	T 3	
5402	989	Nw 1	f 2	
5398	987	Sw 3	f 2	
5304	983	Sw 3	t 2	
5382	980	1,57		

☉ Untergang

Gew.	Wm.	Wb.	Hi	Met.
5404	981	Nw 1	t 2	
5412	973	N 1	f 2	R.
5426	974	N 1	K 3	
5422	978	N 1	K 3	
5434	978	N 1	K 4	
5444	978	No 1	K 4	
5448	980	N 2	K 4	
5460	982	N 1	K 3	
5454	982	No 1	K 3	
5448	983	No 1	K 3	
5408	986	O 1	K 4	
5378	977	N 1	K 3	
5382	999	No 1	K 3	
5372	978	Nw 1	f 2	
5328	982	N 1	f 1	AB.
5308	983	S 1	f 1	Stn.
5324	993	Sw 2	K 3	
5298	999	Sw 1	t 1	
5278	986	Sw 3	f 2	
5360	971	Nw 2	f 1	
5342	978	Sw 1	t 1	
5368	976	N 1	f 2	
5326	978	S 1	t 2	R.
5336	976	W 1	K 3	
5406	974	W 1	t 2	
5404	988	Sw 1	K 3	
5362	993	Sw 1	T 3	
5406	981	W 1	t 2	
5396	981	Sw 2	t 2	
5306	980	Sw 2	f 1	
5381	980	1,23		

C

Meteorologische Beobachtungen zu Stargard

⊙		☾			Mitt. Tag	⊙ Aufgang					9 Uhr				
Tag	Tg.	Länge	Abst.	Ph.	Tag	Gew.	Wm.	Wd.	Hl.	Met.	Gew.	Wm.	Wd.	Hl.	Met.
1	8	♌	52		455	5344	959	Sw 2	R 3		5360	966	Sw 2	R 3	
2	9	♌	51		455	5382	946	Sw 1	R 3		5382	962	Sw 1	t 2	
3	10	♍	51		458	5308	959	So 2	t 2		5308	964	S 2	t 2	
4	11	♍	50		458	5316	963	O 1	t 3	R.	5314	970	No 1	t 3	R.
5	12	♍	49		457	5308	970	No 1	t 3	Nb.	5306	974	N 1	t 2	
6	13	♎	49		457	5290	959	Sw 1	t 3		5294	963	Sw 1	t 3	
7	14	♎	48	●	457	5306	942	So 1	R 4		5310	956	So 1	R 4	
8	15	♏	48	20	469	5318	955	No 1	t 4		5324	961	No 1	t 4	R.
9	16	♏	48		469	5342	942	Nw 1	t 3	R.	5350	951	Nw 2	t 1	R.
10	17	♐	49		472	5360	928	S 1	t 2	Rf.	5360	941	Sw 1	R 4	
11	18	♐	49		472	5264	946	O 3	t 3	R.	5264	947	O 2	t 3	R.
12	19	♑	49		472	5236	946	No 1	t 3		5234	951	No 1	t 3	R.
13	20	♑	50		485	5298	946	Nw 2	t 2		5314	950	W 2	t 1	
14	21	♒	51	☽	485	5378	932	No 2	t 2		5390	941	So 1	t 2	
15	22	♒	51		485	5406	934	S 1	t 2		5410	946	Sw 1	R 3	
16	23	♓	52		488	5432	942	Sw 1	t 1		5440	951	S 1	t 2	
17	24	♓	52		488	5438	932	Nw 1	t 1		5436	944	Sw 1	t 2	
18	25	♓	53		501	5404	944	W 1	t 3	R.	5404	951	Nw 1	t 2	
19	26	♈	53		501	5306	958	Sw 3	t 3	R.	5300	957	Sw 3	t 3	R.
20	27	♈	53		501	5246	946	Sw 2	t 1		5244	951	Sw 2	t 1	
21	28	♉	54	⊙	501	5208	935	Sw 2	t 1		5312	939	Sw 2	t 1	Sch. R.
22	29	♉	54		501	5240	951	Sw 2	t 2		5346	955	Sw 3	t 2	
23	30	♊	54		513	5340	970	Sw 1	t 2	R.	5340	974	Sw 1	t 1	
24	1	♊	54		513	5374	951	Nw 1	t 1		5380	953	Sw 1	t 1	
25	2	♊	54		513	5414	935	W 1	R 3		5418	938	Sw 1	R 3	
26	3	♋	54		516	5343	938	Sw 2	t 3	R.	5346	940	Sw 2	t 3	R.
27	4	♋	53		516	5434	947	S 1	t 2	Nb.	5442	950	S 1	t 2	
28	5	♌	53		528	5428	955	Sw 1	t 2		5424	955	S 1	t 1	
29	6	♌	52	☾	527	5356	940	S 1	t 2		5350	946	S 2	R 3	
30	7	♌	51		527	5316	945	Sw 1	t 3		5320	948	Sw 1	t 3	
31	8	♍	51		527	5346	942	Sw 1	t 3		5346	946	Sw 2	t 2	
						5344	947	1,42			5347	953	1,50		

12 Uhr					3 Uhr					☉ Untergang				
Gew.	Wm.	Wd.	Hl.	Met.	Gew.	Wm.	Wd.	Hl.	Met.	Gew.	Win.	Wd.	Hl.	Met.
5364	976	W 2	f 2		5372	976	W 1	f 2		5378	970	Sw 1	f 1	
5378	972	Sw 2	f 2		5362	973	So 1	f 2		5348	963	Sw 1	f 2	
5308	976	So 2	R 3		5308	980	S 1	f 1		5316	972	So 1	R 3	
5312	977	No 2	f 1		5318	972	N 1	T 3	N.	5340	970	N 1	T 3	N.
5296	980	No 1	T 3		5288	978	No 1	T 3	r.	5286	978	So 1	T 3	N.
5296	970	Sw 1	f 2		5302	967	Sw 1	T 3	N.	5302	961	Sw 1	T 3	
5318	965	So 1	f 2		5316	968	So 1	f 1		5320	962	D 1	f 1	
5328	959	No 1	T 3		5328	961	No 3	f 2	N.	5332	954	No 1	T 3	AB.
5354	953	N 2	T 3	N.	5356	956	No 2	f 2		5364	948	D 1	R 3	
5348	954	Sw 1	R 3		5330	956	So 1	R 4		5326	941	So 1	R 3	
5256	948	D 3	T 3	N.	5248	951	No 1	T 3	N.	5240	953	No 1	T 3	N.
5230	955	N 2	T 3	N.	5232	957	N 1	T 4	N.	5236	957	N 1	T 3	N.
5326	957	W 1	f 1		5340	953	Nw 1	f 2		5344	947	N 1	R 3	
5394	959	So 1	f 1		5400	955	Sw 1	f 1		5398	950	Sw 1	f 2	
5416	952	Sw 1	f 1		5414	958	S 1	f 1		5414	948	Sw 1	f 1	
5438	917	No 1	f 2		5442	953	Sw 1	f 2		5444	950	Sw 1	f 2	
5434	953	Sw 1	f 2		5418	955	Sw 2	R 3		5424	947	Sw 1	R 4	
5398	961	Nw 2	f 2		5380	959	Sw 2	T 3		5370	955	Sw 2	T 3	N.
5290	961	Sw 3	T 3	N.	5278	965	Sw 3	T 3	N.	5270	957	Sw 3	T 3	N.
5250	950	Sw 3	f 1		5254	953	Sw 3	f 2		5262	945	Sw 3	R 3	
5318	941	Sw 3	T 3	N.	5318	940	Sw 2	T 3	N.	5324	942	Sw 2	T 3	N.
5348	963	Sw 2	f 2	N.	5350	968	Sw 3	T 3	N.	5354	966	Sw 3	T 3	N.
5338	978	Sw 2	f 2	r.	5328	976	Sw 2	f 2	N.	5326	974	Sw 3	f 2	N.
5386	963	Nw 1	f 2		5390	959	W 1	f 2		5388	955	W 1	R 3	
5420	953	Sw 1	f 2		5418	951	Sw 1	R 3		5406	944	S 1	R 4	
5350	942	Sw 2	T 3	N.	5364	948	Sw 1	f 2	N.	5374	948	Sw 1	f 2	
5442	951	Sw 1	f 1		5442	957	Sw 1	f 2		5442	953	Sw 1	f 2	
5418	939	Sw 2	R 3		5408	961	Sw 1	f 1		5402	955	Sw 1	f 1	
5340	956	S 2	f 1		5330	959	Sw 1	f 2		5326	955	S 1	f 2	
5320	960	Sw 1	f 2	N.	5324	959	Sw 1	T 3	N.	5326	957	Sw 1	T 3	
5328	950	Sw 3	R 3		5312	951	Sw 3	T 3	N.	5304	948	Sw 3	T 3	
5346	960	1,71			5344	959	1,61			5344	954	1,39		

ℏ 2

Meteorologische Beobachtungen zu Stargordt

☉		☽			Mit Tag	☉ Aufgang					9 Uhr				
Tag	ig.	Länge	Abst.	Ph.	Tag	Gew.	WBm.	WBa.	H1.	Met.	Gew.	WBm.	ABr.	H	Met.
1	9	♍	50		527	5276	948	Sw 1	23		5278	949	Sw 1	f 1	
2	10	♎	49		529	5322	935	W 1	f 2		5322	938	Sw 2	f 1	
3	11	♎	48		529	5318	923	S 1	R 3		5324	927	Sw 1	R 4	
4	12	♏	48		529	5290	934	S 3	f 1		5288	938	S 3	23	
5	13	♏	48	●	529	5312	934	Sw 2	f 2		5318	940	Sw 2	f 1	
6	14	♐	48	11	529	5342	921	Sw 1	R 3		5348	925	So 1	f 2	
7	15	♐	48		541	5356	940	N 1	23	R.	5352	940	No 3	23	R.
8	16	♑	48		544	5374	934	Sw 2	23		5378	934	Sw 2	23	
9	17	♑	49		544	5390	938	No 2	23		5388	942	No 3	23	R.
10	18	♒	50		545	5374	940	No 3	23		5374	941	D 2	f 1	
11	19	♒	51	☽	545	5440	909	D 1	R 4		5444	914	So 2	R 4	
12	20	♓	51		557	5424	922	So 1	f 1		5428	922	So 2	f 2	
13	21	♓	52		557	5400	931	W 1	23	Nb. 4	5402	932	W 1	23	Hgl.
14	22	♓	52		557	5434	931	W 1	f 2		5442	935	N 1	f 1	
15	23	♈	53		561	5414	942	W 1	23		5408	941	W 1	23	R.
16	24	♉	53		561	5290	953	W 3	23	R.	5290	951	Nw 3	23	r.
17	25	♉	54		573	5324	928	Nw 1	f 1		5326	929	N 1	f 1	
18	26	♉	54		573	5298	928	D 1	23	Sch.	5302	928	D 1	23	
19	27	♉	54		573	5340	926	No 1	f 1		5346	931	N 1	f 2	
20	28	♊	54	○	573	5378	924	No 1	23	Sch.	5384	926	No 1	f 1	
21	29	♊	54		573	5352	935	No 3	23		5352	936	N 3	23	
22	♍	♋	54		585	5332	928	N 1	23		5330	928	N 1	23	Sch.
23	1	♋	54		585	5310	926	N 1	23		5308	927	No 1	f 2	
24	2	♋	53		585	5348	916	So 1	f 2		5352	913	So 1	f 2	
25	3	♌	53		588	5344	909	D 1	f 2		5342	911	D 1	f 1	
26	4	♌	52		587	5338	913	D 1	f 2		5366	915	D 1	f 2	
27	5	♍	52		599	5410	916	D 1	f 2	Sch.	5416	918	So 1	f 2	Sch.
28	6	♍	51		599	5406	922	D 1	f 2	Sch.	5408	924	D 2	f 2	Sch.
29	7	♎	50	☾	599	5380	932	So 1	f 2		5376	933	So 1	f 2	
30	8	♎	49		598	5366	919	So 1	f 2		5372	920	So 1	f 2	
						5356	929	1,30			5359	931	1,57		

Im Monath November 1781.

12 Uhr					3 Uhr					⊙ Untergang				
Gew.	Wm.	Wd.	Hl.	Met.	Gew.	Wm.	Wd.	Hl.	Met.	Gew.	Wm.	Wd.	Hl.	Met.
5278	957	Sw 2	f 1		5278	955	S 1	f 1		5278	951	Sw 1	t 2	
5330	942	Sw 2	t 2		5332	945	Sw 2	f 2		5332	942	Sw 2	f 1	
5318	940	Sw 2	R 4		5314	945	Sw 2	R 4		5308	940	S 3	f 2	
5290	950	S 2	f 1		5288	951	Sw 2	t 2		5288	950	S 2	t 1	R.
5326	947	W 2	f 1		5324	945	Sw 1	R 3		5328	941	Sw 1	R 3	
5344	938	Nw 1	t 1		5352	940	Nw 1	T 3		5352	936	N 1	T 3	
5352	944	Nw 3	T 3	R.	5348	940	Nw 2	T 3	R.	5346	946	W 1	T 3	R.
5390	939	Sw 1	T 3		5396	988	Sw 1	T 3		5402	936	W 1	T 3	R.
5378	947	No 3	T 3		5374	950	No 2	T 3	R.	5372	950	No 2	T 3	
5376	939	No 2	T 3		5382	932	No 2	f 2		5386	930	No 3	t 2	
5448	923	So 2	R 3		5446	923	So 1	R 3		5448	921	So 1	f 2	
5416	932	So 3	t 2		5410	937	So 2	t 2		5408	934	So 1	t 2	
5406	931	Nw 1	T 3		5404	934	W 1	T 3	R.	5406	936	Nw 1	T 3	R.
5442	943	N 1	f 1		5446	940	Nw 1	R 3		5446	934	N 1	T 3	
5394	943	Sw 1	T 3	R.	5372	945	Sw 1	T 3	R.	5370	945	Nw 1	T 3	R.
5292	949	Nw 1	T 3	R.	5290	951	Nw 1	T 3	R.	5290	947	Nw 2	T 3	R.
5318	938	No 1	f 1		5308	935	No 1	f 1		5302	934	No 1	T 3	Sch.
5301	933	No 1	T 3		5302	932	No 1	T 3		5302	930	No 1	T 3	
5354	938	N 1	f 1		5358	933	Nw 1	T 3		5358	928	Nw 1	T 3	Sch.
5380	931	Nw 1	t 2		5378	934	N 1	f 1		5374	929	No 1	R 3	
5344	939	N 3	t 1		5338	936	N 1	T 3	Sch.	5338	935	No 3	t 1	
5322	932	No 2	T 3	Sch.	5316	930	N 1	T 3		5316	930	Nw 2	f 2	Sch.
5308	930	No 2	t 2		5314	926	No 1	T 3		5316	926	No 1	T 3	
5354	913	So 1	R 3		5356	918	So 1	f 2		5354	909	So 1	R 3	
5342	920	O 1	T 3		5340	918	So 1	T 3		5338	915	So 1	R 3	
5368	919	O 1	f 1		5375	915	N 1	f 2		5378	907	No 1	f 2	
5418	928	Sw 1	T 3	Sch.	5420	924	So 1	t 2		5418	920	So 1	t 2	
5398	934	So 2	T 3		5394	932	So 1	t 2		5390	933	So 1	T 3	
5374	934	So 1	t 2		5368	932	So 1	T 3	Sch.	5368	929	So 1	t 2	
5374	920	So 1	f 2		5376	924	N 1	t 2	Sch.	5378	922	So 1	t 2	Sch.
5581	936	1,57			5356	935	1,37			5356	933	1,37		

O 3

Meteorologische Beobachtungen zu Stargardt

☉	☾		Mtl	☉ Aufgang					9 Uhr				
Tag/tg.	Länge	Abst.	Ph.	Tag	Gew.	Wm.	Wd.	Hl.	Met.	Gew.	Wm.	Wd.	Hl.	Met.
1 9	♎	48		598	5384	926	So 2	t 2		5388	926	So 2	t 2	
2 10	♏	48		601	5378	918	So 1	t 1		5378	931	So 1	f 1	
3 11	♏	48		601	5414	912	So 1	t 2		5418	934	So 1	t 2	
4 12	♐	47	●	601	5420	930	N 1	T 3		5422	931	N 1	t 2	
5 13	♐	48	12	601	5414	924	So 1	T 3		5414	927	So 2	T 3	
6 14	♑	48		601	5402	916	S 1	T 3		5402	918	S 1	t 2	
7 15	♑	49		613	5420	915	So 1	t 2		5421	917	So 1	t 2	
8 16	♒	49		616	5428	895	So 2	t 2		5428	895	So 2	t 2	
9 17	♒	50		617	5415	905	So 1	T 3		5414	905	S 1	t 2	
10 18	♓	51		617	5390	913	So 1	T 3		5392	914	So 1	T 3	
11 19	♓	52	☽	617	5390	911	So 1	T 3		5400	911	So 1	t 2	
12 20	♈	53		630	5386	895	So 1	t 2		5386	895	So 1	f 1	
13 21	♈	53		630	5376	903	Sw 1	T 3		5376	904	Sw 1	T 3	
14 22	♉	54		633	5366	915	S 1	T 3		5366	915	S 1	T 3	
15 23	♉	54		633	5324	912	So 2	T 3		5324	912	So 2	T 3	Sch.
16 24	♉	54		633	5330	905	No 1	f 1		5352	907	No 1	t 2	
17 25	♊	54		645	5394	917	Nw 1	t 2		5398	917	Nw 1	t 2	Sch.
18 26	♊	54		645	5434	901	S 1	R 1		5434	903	S 1	R 3	
19 27	♊	54	○	645	5390	931	Sw 3	T 3		5392	935	Nw 3	T 3	
20 28	♋	54		645	5418	934	Nw 3	T 3		5418	935	Nw 3	T 3	
21 29	♋	54		645	5384	934	Nw 2	R 3		5382	934	Nw 2	f 2	
22 1	♌	53		657	5286	935	Nw 3	T 3	Sch.R.	5286	935	Nw 3	T 3	
23 1	♌	53		657	5358	928	Nw 1	f 1		5358	930	Nw 1	t 2	
24 2	♍	52		659	5246	943	Nw 3	T 3		5248	941	Nw 3	T 3	
25 3	♍	52		659	5360	923	Nw 1	f 1		5366	926	Nw 2	f 1	
26 4	♍	51	☾	659	5362	928	N 3	T 3	Sch.	5350	928	Nw 3	T 3	
27 5	♎	50		671	5364	944	Nw 2	T 3	R.	5372	944	Nw 2	T 3	
28 6	♎	50		671	5364	947	Nw 1	f 1	R.	5362	940	Nw 2	f 2	
29 7	♏	49		670	5286	939	Nw 3	T 3	R.	5274	939	Nw 4	T 3	R. Sch.
30 8	♏	48		670	5304	928	W 1	f 1		5304	926	W 1	f 1	
31 9	♐	48		661	5328	907	Nw 1	f 2		5332	909	N 1	f 2	
					5371	921	1,51			5373	928	1,61		

im Monath December 1782.

12 Uhr					3 Uhr					☉ Untergang				
Gew.	Wm.	Wd.	Hl.	Met.	Gew.	Wm.	Wd.	Hl.	Met.	Gew.	Wm.	Wd.	Hl.	Met.
5386	928	So 2	t 2	Sch.	5378	928	So 2	t 2	Sch.	5382	928	So 2	T 3	
5378	936	So 2	t 2		5378	934	So 2	t 2		5378	934	So 2	t 2	
5416	936	So 1	t 2		5416	934	So 1	t 2	Sch.	5416	932	So 1	T 3	Sch.
5426	938	N 1	t 2		5424	936	N 1	t 2		5424	932	N 2	T 3	
5408	932	S 2	T 3		5402	925	So 2	T 3		5402	924	So 1	T 3	Sch.
5407	922	So 2	t 2		5406	922	So 1	t 2		5406	922	So 1	t 2	Sch.
5424	920	So 1	t 3		5422	916	So 1	t 2		5422	909	D 1	R 3	
5426	903	So 2	t 2		5420	903	So 1	t 2		5420	901	So 1	t 2	
5414	909	S 1	T 3		5406	909	So 1	T 3		5406	905	So 1	t 2	
5388	916	So 2	T 3		5386	919	So 1	T 3		5386	915	So 1	T 3	
5398	913	So 1	t 2		5396	909	So 1	T 3		5396	907	S 1	T 3	
5382	903	So 1	t 2	Sch.	5376	907	So 1	f 1		5376	899	So 1	f 1	
5380	911	Sw 1	T 3		5380	911	Sw 1	T 3		5380	911	Sw 1	f 3	
5354	921	S 2	T 3		5346	919	So 2	t 2		5344	918	So 2	f 2	
5320	915	So 2	T 3	Sch.	5322	917	So 2	t 2		5322	916	So 2	t 2	
5358	919	No 1	f 1		5364	917	N 1	t 2		5366	913	No 1	T 3	
5402	920	W 1	t 2		5408	922	Nw 1	f 1		5412	921	W 1	f 1	
5428	917	S 1	f 1		5418	912	S 1	R 3		5418	915	S 1	f 1	
5410	935	Nw 2	T 3		5416	934	Nw 2	f 1		5418	933	Nw 2	T 3	
5420	935	Nw 2	T 3		5418	935	Nw 2	T 3		5414	935	Nw 2	T 3	
5372	940	Nw 2	f 1		5358	940	Nw 2	f 1		5356	940	Nw 3	f 1	
5306	934	N 3	f 2		5328	931	N 3	f 1		5330	931	N 3	f 1	
5350	932	N 3	T 3	R.	5342	933	Nw 1	T 3		5342	933	Nw 1	T 3	
5258	941	Nw 3	f 1		5282	933	Nw 3	R 3		5286	931	Nw 3	R 3	
5382	927	Nw 1	f 2		5394	928	Nw 1	f 2		5396	922	Nw 2	f 1	
5320	936	Nw 3	T 3		5332	942	Nw 3	T 3		5330	943	Nw 3	T 3	
5369	945	Nw 3	T 3		5366	948	Nw 3	f 1		5368	949	Nw 3	f 1	
5360	943	Nw 4	f 1		5354	941	Nw 3	f 1		5354	939	Nw 2	f 1	
5272	938	Sw 4	f 1		5288	932	Nw 3	f 2		5294	928	Nw 3	f 2	
5302	928	No 1	t 2	Sch.	5302	927	No 1	f 1		5306	925	No 1	f 2	
5336	917	N 1	R 3		5350	914	N 1	R 3		5350	911	N 1	R 4	
5373	926	1,81			5373	925	1,61			5374	923	1,68		

V. Beobachtungen

des Schwer- und Wärme-Maaßes zu Caſſehn
?6 Fuß über der Fläche der Oſtſee unter dem 54° der Breite
von dem Herrn Graf von Bork
gemacht.

Jul. 1782	⊙ Aufgang		9 Uhr		12 Uhr		3 Uhr		⊙ Unterg.		Mittel	
	Gw.	Wm.	Gw.	Wm.	Gw.	Wm.	Gw.	Wm.	Gw.	Wm.	Gw.	Wm.
14	5453	978	5454	1002	5450	1001	5446	1005	5432	1010	5447	999
15	5426	991	5424	1010	5432	997	5430	997	5430	987	5428	996
16	5432	980	5434	980	5430	988	5424	988	5402	986	5424	984
17	5382	978	5388	978	5390	988	5392	988	5396	980	5490	982
18	5426	978	5412	988	5420	982	5420	984	5422	978	5416	982
19	5424	974	5428	980	5438	980	5436	983	5440	978	5433	979
20	5448	980	5458	987	5446	985	5446	985	5468	977	5453	983
21	5466	982	5470	980	5472	985	5472	990	5460	985	5468	984
22	5448	984	5450	985	5446	990	5446	990	5440	987	5446	987
23	5462	984	5450	993	5454	991	5452	993	5460	986	5452	989
24	5460	965	5470	999	5470	1005	5466	999	5460	987	5470	991
25	5460	969	5454	1008	5454	1016	5450	1014	5448	995	5453	980
26	5442	993	5436	1018	5428	1034	5420	10 4	5410	1003	5427	1016
	5438	979	5440	993	5441	995	5439	996	5436	988	5439	981

Da Se. Excellenz der Herr Graf von Bork noch einigemahl in der Folge zu laſſehn Beobachtungen gemacht haben, ſo verſpare ich bis dahin, die Berechnung des mittlern Gewichtes und Wärme, für die Fläche des Meeres unter dem 54 Grad de der Breite.

R.

www.ingramcontent.com/pod-product-compliance
Lightning Source LLC
Chambersburg PA
CBHW022020080426
42733CB00007B/659